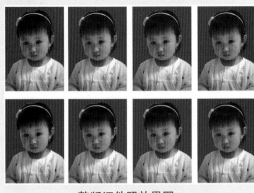

整版证件照效果图

只想这样
静静地吹着风
看着那蓝蓝的天空
享受这难得的安静

画笔涂鸦实例效果图

"抽出"命令实例效果图

"液化"命令实例效果图

曲线调整

用"曲线"命令调整照片曝光不足

色阶调整

用"色阶"命令调整照片曝光不足

色相/饱和度调整

用"色相/饱和度"命令调整照片色彩

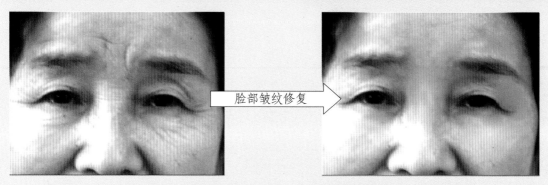

脸部皱纹修复

用"修复画笔工具"去掉脸部皱纹

图像合成效果

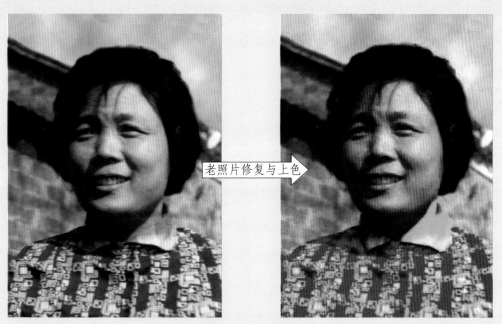

老照片修复与上色 →

老照片的着色处理

怀旧照片效果 →

怀旧照片效果图

人物照片边缘艺术化处理

彩色相册效果图

SHANXI HOME

商业标志效果图

公益标志效果图

背景图案效果图

窗花剪纸效果图

产品广告效果图

招牌横幅效果图

宣传海报效果图

手提袋效果图

建筑效果图

书籍封面效果图

包装盒效果图

网页界面效果图

课件背景效果图

多媒体播放器软件界面效果图

全国高职高专教育"十一五"规划教材

Photoshop CS3 图像处理
任务式案例教程

主　编　张武卫

副主编　赵俊荣　　陈京京

参　编　冯宪伟　李晓峰　高　进　董建文

高等教育出版社

内容提要

本教程以全新的设计理念，以工作任务为牵引，以快速提高应用技能为目标，介绍了 Photoshop CS3 在实际图像处理工作中的应用方法，主要内容包括：Photoshop CS3 图像处理基础、影楼照片处理应用、标志图案设计应用、视觉广告设计应用、包装设计应用、软件美工设计应用，基本涵盖了 Photoshop CS3 图像处理软件在实际工作中的主要应用领域。可作为职业院校相关专业的教材和图形图像处理爱好者的自学用书。

图书在版编目(CIP)数据

Photoshop CS3 图像处理任务式案例教程 / 张武卫主编.
北京：高等教育出版社，2009.8
　ISBN 978-7-04-028052-4

　Ⅰ.P…　Ⅱ.张…　Ⅲ.图形软件：Photoshop CS3－教材
Ⅳ.TP391.41

　中国版本图书馆 CIP 数据核字（2009）第 131459 号

责任编辑	张尕琳	封面设计	顾凌芝	责任印制	蔡敏燕

出版发行	高等教育出版社	购书热线	010-58581118
社　　址	北京市西城区德外大街 4 号		021-56717287
邮政编码	100011	免费咨询	400-810-0598
总　　机	010-58581000	网　　址	http://www.hep.edu.cn
传　　真	021-56965341		http://www.hep.com.cn
			http://www.hepsh.com
经　　销	蓝色畅想图书发行有限公司	网上订购	http://www.landraco.com
排　　版	南京理工出版信息技术有限公司		http://www.landraco.com.cn
印　　刷	上海师范大学印刷厂	畅想教育	http://www.widedu.com
开　　本	787×1092　1/16	版　　次	2009 年 8 月第 1 版
印　　张	16.25	印　　次	2009 年 8 月第 1 次
字　　数	375 000	定　　价	25.50 元
插　　页	3		

凡购买高等教育出版社图书，如有缺页、倒页、脱页等质量问题，请在所购图书销售部门联系调换。

前　言

Photoshop 是 Adobe 公司开发的图形图像处理软件。它功能强大、易学易用，深受图形图像处理爱好者和平面设计人员的喜爱，已经成为这一领域最流行的软件之一。目前，我国很多职业院校的计算机应用技术、多媒体技术、数字媒体技术（艺术）、平面设计等专业，都将"Photoshop"作为一门重要的专业课程。为了适应现代职业院校的专业教育需求，我们联合多所职业院校的具有一线教学经验的专业教师，共同编写了这本教程。

我们根据现代职业教育理念，结合多年职业教育实践经验，对本教程的编写体系做了精心设计，不求大而全，只求精而实。教程的章节内容是以现实生活中的图像处理任务为牵引，以完成任务为目的，实施非线性的内容编排，即任务需要什么知识，我们就将这些内容拿出来结合任务案例即时进行讲解和提示，使学生更直观地了解在利用 Photoshop CS3 进行图像处理时，怎样完成实际工作任务和完成任务所需要的图像处理知识，以期最大限度地提高学生的实际工作能力，重点培养学生的职业技能。

本教程从定位上，主要针对 Photoshop CS3 的初中级学习者和职业院校的学生。在本教程中，除第 1 章外，每章的标题就是 Photoshop CS3 图像处理软件在实际应用中的一个领域，每节的标题就是 Photoshop CS3 在该应用领域的一个典型任务案例，每个任务案例分解为几个子任务分步实施，每个子任务中都详细介绍了完成任务的情境、操作步骤和知识点解析。学生就是在完成任务的过程中学习 Photoshop CS3 图像处理软件的使用与操作知识，这样可以最大限度地激发学生的学习热情，提高其学习兴趣，培养其操作能力。

本教程提供所有案例的素材及效果文件，教师可填写书后所附的《教学资源索取单》，依照相关方式索取。

本教程由李畅教授担任主审，张武卫任主编，赵俊荣、陈京京任副主编，参加编写的还有冯宪伟、李晓峰、高进、董建文等。其中，张武卫编写第 1 章，赵俊荣、陈京京编写第 2 章的第 1、2、3 节，李晓峰编写第 4 章的第 1、2 节和第 6 章，冯宪伟编写第 5 章，高进编写第 2 章的第 4 节、第 4 章的第 3、4 节，董建文编写第 3 章，张晨参与统稿与校对等工作。在此，也特别感谢东南大学袁友生教授对本书编写的大力支持。

由于时间仓促，加之水平有限，书中难免存在错误和不妥之处，敬请读者批评指正。

编　者
2009 年 5 月

前　言

目 录
Contents

第 6 章　Photoshop CS3 应用——软件美工设计

第1章 Photoshop CS3 图像处理基础

1.1 图像处理常识

1.1.1 矢量图与位图

计算机图像主要分为两类:矢量图和位图。矢量图也称向量图像,位图也称点阵图像。

1. 矢量图

矢量图以数学的矢量方式来记录图像内容,它的内容以线条和色块为主,例如一条线段的数据只需要记录两个端点的坐标、线段的粗细和色彩等,因此它的优点是文件所占的容量较小,也可以很容易地进行放大、缩小或旋转等操作,而不会失真,精确度较高并可以制作3D图像。缺点是不易制作色调丰富或色彩变化太多的图像,而且绘制出来的图形不是很逼真,无法像照片一样精确地描绘自然界的景象,同时也不易在不同的软件间交换文件。

2. 位图

位图是由许多像素点(即一个个小方块)组成的图像。位图图像在保存时,需记录下每一个像素的位置和色彩数据,所以文件较大。Photoshop CS3 是主要用于处理位图的软件,但它可以与其他矢量图形软件交换文件,可以打开矢量图。位图的优点是它弥补了矢量图的缺陷,能够制作出颜色和色调变化丰富的图像,可以逼真地表现自然界的景象,同时也可以很容易地在不同软件之间交换文件。缺点是它无法制作真正的3D图像,并且图像缩放和旋转时会产生失真现象,同时文件较大,对内存和硬盘空间容量的需求也较高。

矢量图和位图放大后的效果如图 1-1-1 所示。

矢量图放大   位图放大

图 1-1-1 两种类型图像放大后的比较

1.1.2　图像大小与分辨率

像素（pixel）是组成图像的基本元素，即图像是由像素纵横排列组成的。位图图像在高度和宽度方向的像素总量称为图像的像素大小。图像的分辨率是指单位长度内所含像素的多少。单位长度内所含的像素越多，说明分辨率越高。同样尺寸的图像，分辨率越高图像越精细。

在 Photoshop CS3 中，如何来调整图像的大小和分辨率呢？可以使用"图像"→"图像大小"命令来调整图像的像素大小、打印尺寸和分辨率。选择该命令后，会看到如图 1-1-2 所示的对话框。

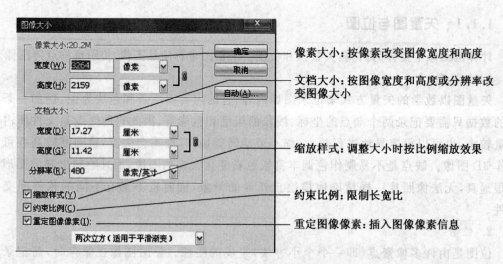

图 1-1-2　"图像大小"对话框

1.1.3　图像的色彩模式

Photoshop CS3 提供了多种色彩模式，这些色彩模式正是作品能够在屏幕和印刷品上成功表现的重要保障。在这些色彩模式中，经常使用到的有 CMYK 模式、RGB 模式、Lab 模式以及 HSB 模式。另外，还有索引模式、灰度模式、位图模式、双色调模式、多通道模式等。这些模式都可以在"模式"菜单下选择，每种色彩模式都有不同的色域，并且各个模式之间可以相互转换。下面介绍几种主要的色彩模式。

1. RGB 模式

RGB 模式是一种加色模式，它通过红、绿、蓝 3 种色光相叠加而形成更多的颜色。RGB 是色光的彩色模式，一幅 24 bit 的 RGB 图像有 3 个色彩信息通道：红色（R）、绿色（G）、蓝色（B）。每个通道都有 8 bit 的色彩信息，即一个 0～255 的亮度值色域。每一种色彩都有 256 个亮度水平级，3 种色彩相叠加，可以有 256×256×256＝1 670 万种可能的颜色。

在 Photoshop CS3 中编辑图像时，RGB 模式应是最佳的选择。它可以提供全屏幕的 24 bit 的色彩范围，即常说的"真彩色（True Color）"显示。

2. CMYK 模式

CMYK 代表了印刷上用的 4 种油墨颜色:C 代表青色,M 代表洋红色,Y 代表黄色,K 代表黑色。CMYK 模式在印刷时应用了色彩学中的减法混合原理,即减色色彩模式,它是图片、插图和其他 Photoshop 作品中最常用的一种印刷方式。在印刷中通常都要进行四色分色,出四色胶片,然后再进行印刷。

3. 灰度模式

灰度模式又称为 8 bit 深度模式。每个像素用 8 个二进制位表示,能产生 2^8(即 256)级灰度色调。当一个彩色文件被转换为灰度模式文件时,所有的颜色信息都将从文件中丢失。尽管 Photoshop CS3 允许将一个灰度文件转换为彩色文件,但不可能将原来的颜色完全还原。所以,当要转换成灰度模式时,应先做好图像的备份。

与黑白照片一样,一个灰度模式的图像只有明暗值,没有色相和饱和度这两种颜色信息。0%代表白,100%代表黑。

1.1.4 常用图像文件格式

1. PSD 格式

PSD 格式和 PDD 格式是 Photoshop CS3 自身的专用文件格式,能够支持从线图到 CMYK 的所有图像类型,但由于在一些图形处理软件中没有得到很好的支持,所以其通用性不强。PSD 格式和 PDD 格式能够保存图像数据的细小部分,如图层、附加的遮膜通道等 Photoshop CS3 对图像进行特殊处理的信息。在没有最终决定图像存储的格式前,最好先以这两种格式存储。另外,Photoshop CS3 打开和存储这两种格式的文件比其他格式更快。但是这两种格式也有缺点,就是它们所存储的图像文件容量大,占用磁盘空间较多。

2. TIF 格式

TIF 格式是标签图像格式。TIF 格式对于色彩通道图像来说是最有用的格式。具有很强的可移植性。它可以用于 PC、Macintosh 以及 UNIX 工作站三大平台,是这三大平台上使用最广泛的绘图格式。

3. BMP 格式

BMP 是 Windows Bitmap 的缩写,它可以用于绝大多数 Windows 下的应用程序。BMP 格式使用索引色彩,它的图像具有极为丰富的色彩,并可以使用 16 MB 色彩渲染图像。BMP 格式能够存储黑白图、灰度图和 16 MB 色彩的 RGB 图像等。此格式一般在多媒体演示、视频输出等情况下使用,但不能在 Macintosh 平台中使用。在存储 BMP 格式的图像文件时,还可以进行无损失压缩,这样能够节省磁盘空间。

4. GIF 格式

GIF 是 Graphics Interchange Format 的缩写。GIF 格式的图像文件容量比较小,它形成一种压缩的 8 bit 图像文件。正因为这样,一般用这种格式的文件来缩短图像的加载时间。如果在网络中传送图像文件,GIF 格式的图像文件要比其他格式的图像文件快很多。

5. PNG 格式

PNG 是一种无损压缩位图图形文件格式。PNG 格式是无损压缩的，允许使用类似于 GIF 格式的调色板技术，支持真彩色图像，并具备 Alpha 通道（半透明）等特性。PNG 格式正在互联网及其他地方流行开来。PNG 的全称为 Portable Network Graphics，即便携式网络图片。它的主要特性如下：

支持 256 色调色板技术以产生小体积文件。

最高支持 48 位真彩色图像以及 16 位灰度图像。

支持 Alpha 通道的半透明特性。

支持图像亮度的 gamma 校正信息。

支持存储附加文本信息，以保留图像名称、作者、版权、创作时间、注释等信息。

使用无损压缩。

渐近显示和流式读写，适合在网络传输中快速显示预览效果后再展示全貌。

使用 CRC 循环冗余编码防止文件出错。

最新的 PNG 标准允许在一个文件内存储多幅图像。

6. JPEG 格式

JPEG 是 Joint Photographic Experts Group 的缩写。中文意思为联合图像专家组。JPEG 格式既是 Photoshop CS3 支持的一种文件格式，也是 Macintosh 上常用的一种存储类型。JPEG 格式是压缩格式中的"佼佼者"，与 TIF 文件格式采用的 LZW 无损失压缩相比，它的压缩比例更大。但它使用的有损失压缩会丢失部分数据。用户可以在存储前选择图像的最后质量，这就能控制数据的损失程度。

1.2　Photoshop CS3 快速入门

1.2.1　Photoshop CS3 软件界面简介

Photoshop CS3 的软件界面如图 1-2-1 所示。

（1）菜单栏：包含 Photoshop 中的绝大多数命令，有些主菜单下还包含子菜单。

（2）工具箱：放置各种工具的地方。部分工具图标的右下角带有一个小三角标记，表示该工具是一个工具组，其中包含有多个工具。

（3）工具选项栏（属性栏）：Photoshop 6.0 以上版本新增的功能，提供了当前使用工具的主要设置选项。

（4）图像窗口：图像窗口的标题栏显示了该图像的一些信息，包括文档名称、显示比例、颜色模式等。

（5）组合面板：要想使某个面板显示在前，只需单击它的标题栏。还可以将面板从一个组拖到另一个组里，也可将某个面板拖出来单独使用。

（6）状态栏：由 3 部分组成，左边为百分比缩放框；中间显示图像相关信息，单击右边的箭头打开菜单，可选择显示不同类型的信息；右端文字为当前工具使用说明。

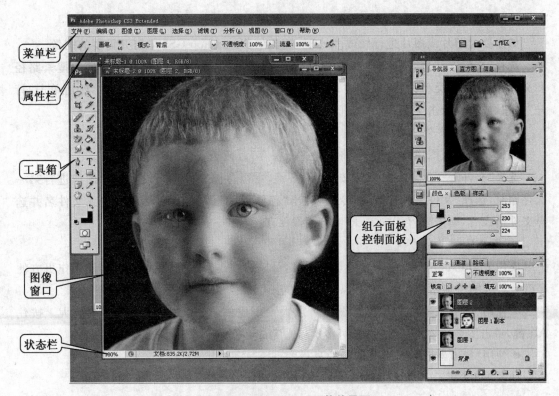

图 1-2-1 Photoshop CS3 软件界面

1.2.2 Photoshop CS3 的文件操作及常规编辑

1. 新建图像文件

选择"文件"→"新建"命令，或按 Ctrl＋N 键，弹出"新建"对话框，如图 1-2-2 所示。在对话框中可以设置新建图像的文件名、宽度和高度、分辨率、颜色模式等选项，设置完成后单击"确定"即可完成新建图像。

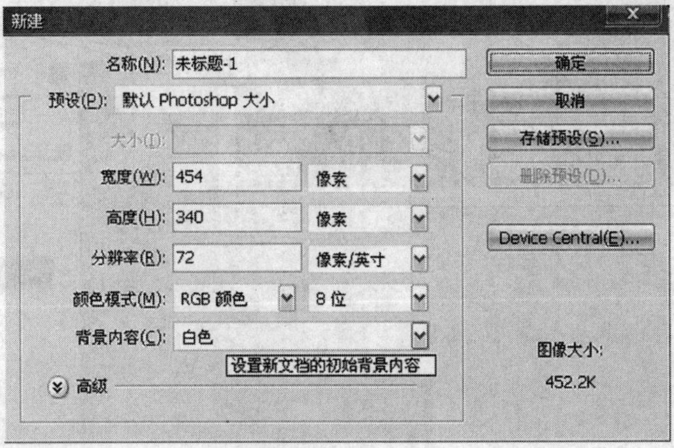

图 1-2-2 "新建"对话框

2. 打开图像文件

如果要对照片或图片进行修改和处理,就要在 Photoshop CS3 中打开需要的图像。

选择"文件"→"打开"命令,或按 Ctrl＋O 键,弹出"打开"对话框,在对话框中搜索路径和文件,确认文件类型和名称,通过 Photoshop CS3 提供的预览略图选择文件,然后单击"打开"按钮,或直接双击文件,即可打开所指定的图像文件。

3. 保存图像文件

编辑和制作完图像后,就需要将图像进行保存,以便于下次打开继续操作。

选择"文件"→"存储"命令,或按 Ctrl＋S 键,可以存储文件。当设计好的图像进行第一次存储时,选择"文件"→"存储"命令,将弹出"存储为"对话框,在对话框中输入文件名并选择文件格式后,单击"保存"按钮,即可将图像保存。

4. 图像显示大小的调整

使用 Photoshop CS3 编辑和处理图像时,可以通过改变图像的显示比例,使工作更方便高效。放大缩小显示图像,通常有以下几种方法:

● 使用"缩放工具",直接单击图像可放大一定比例,可多次单击完成多次放大。按住 Alt 键,单击图像可缩小一定比例,可多次单击完成多次缩小。

● 使用"导航器"面板,调整图像的显示大小。

如图 1-2-3 所示。

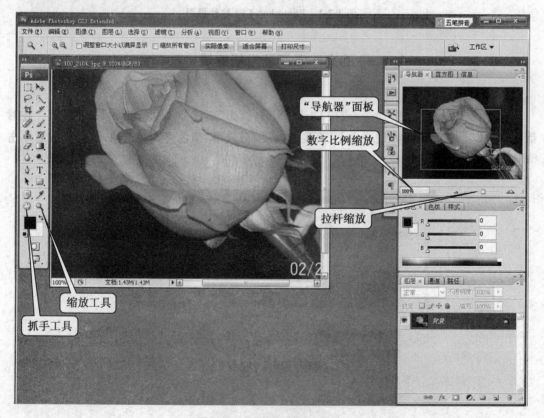

图 1-2-3　调整图像显示大小

5. 标尺、参考线和网格线的设置

设置标尺和网格线可以使图像处理更加精确,而实际设计任务中有许多问题也需要使用标尺和网格线来解决。选择"编辑"→"首选项"→"单位与标尺"命令,即可打开设置对话框,如图 1-2-4 所示。

显示或隐藏标尺,选择"视图"→"标尺"命令。显示标尺后,可按住鼠标在上标尺或左标尺内拖动,即可在图像内形成参考线,参考线不会影响图像的输出与打印。

显示或隐藏参考线,选择"视图"→"显示"→"参考线"命令即可,如图 1-2-5 所示。

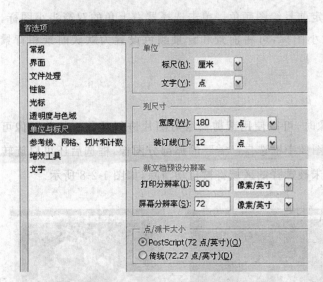

图 1-2-4　标尺与单位设置对话框　　　　图 1-2-5　标尺与参考线使用

6. 图像及画布尺寸的调整

打开一幅图像,选择"图像"→"图像大小"命令,弹出"图像大小"对话框,如图 1-2-6 所示。画布大小的调整,选择"图像"→"画布大小"命令,弹出"画布大小"对话框,如图 1-2-7 所示。

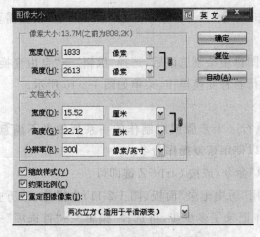 

图 1-2-6　"图像大小"对话框　　　　　　图 1-2-7　"画布大小"对话框

如图 1-2-6 所示,可通过设置以下选项,调整图像的大小。

像素大小:通过改变"宽度"和"高度"选项的数值,改变图像在屏幕上显示的大小,图像的尺寸也相应改变。

文档大小:通过改变"宽度"、"高度"和"分辨率"选项的数值,改变图像的文档大小,图像的尺寸也相应改变。

7. 前景/背景色的调整

单击前景/背景色选择器 中的前景色块,可选择确定前景绘图颜色。单击前景/背景色选择器中的背景色块,可选择确定前景绘图颜色。单击选择器右上角的双箭头小图标,可交换前景和背景颜色,单击左下角小图标,可将前景和背景颜色设置为默认前景和背景色值。

8. 图像的裁剪与变换

(1) 图像的裁剪

当只需要图片中的某一部分图像时,可以使用裁剪命令对图片进行裁剪。裁剪图像可选择工具箱中的"裁切工具" ,在图像中框选自己需要的那部分图像,框选后还可以旋转框选区域的虚线框,然后确认即可。未被选择的区域将被自动清除,如图 1-2-8 所示。

图 1-2-8　图像的裁剪操作

(2) 图像画布及图像选区的变换

图像画布的变换,选择"图像"→"旋转画布"命令,其下拉菜单如图 1-2-9 所示,根据需要选择画布的旋转命令即可。

图像选区的变换,具有更丰富的功能。在图像中绘制选区后,选择"编辑"→"自由变换"或"编辑"→"变换"命令,可以对图像的选区进行各种变换操作,菜单如图 1-2-10 所示。

9. 恢复操作

在绘图和编辑图像过程中,经常会错误执行一个步骤或对制作的一系列效果不满意。当希望恢复到前一步或原来的图像效果时,可以使用恢复操作命令。

(1) 恢复上一步操作,选择"编辑"→"还原"命令,或按 Ctrl+Z 键即可。

(2) 恢复到操作过程的任意一步,必须使用"历史记录"面板(图 1-2-11)来操作。"历史记录"面板中记录了以前操作的每一步骤,具体记录了多少步,可选择"编辑"→"首选项"→"性能"命令,在弹出的对话框中设定。

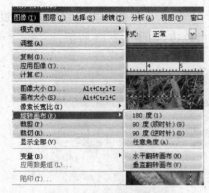

图 1-2-9 图像画布的旋转

图 1-2-11 "历史记录"面板

图 1-2-10 图像选区变换

1.2.3 体验 Photoshop CS3 的基本编辑操作——证件照的制作

用数码相机拍摄证件照,效果可能不是很好。用一张普通的近照,裁剪编辑成证件照,是一项很实用的图片处理技术。通过 Photoshop CS3 来进行编辑处理,编辑成标准的证件照输出打印即可。那么,如何制作证件照呢?

(1) 打开一张自己满意的照片,使用"裁剪工具" ,将照片裁剪为 2 英寸证件照规格(3.3 cm×4.8 cm),并调整照片分辨率为 320 像素/英寸,如图 1-2-12 所示。

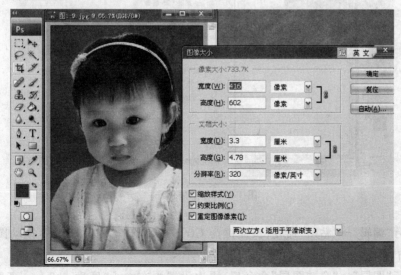

图 1-2-12 裁剪图片并调整大小及分辨率

（2）执行"图像"→"画布大小"命令（快捷键为 Alt＋Ctrl＋C），将画布大小设置为：宽度
3.5 cm，高度 5.0 cm，背景色设置为白色，给证件照设置白色边，如图 1-2-13 所示。

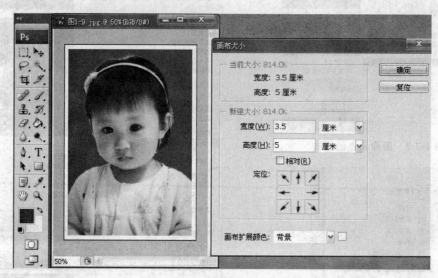

图 1-2-13　扩大画布加入白边

（3）执行"选择"→"全部"命令（快捷键为 Ctrl＋A），执行"编辑"→"拷贝"命令（快捷键
为 Ctrl＋C），执行"图像"→"画布大小"命令（快捷键为 Alt＋Ctrl＋C），将画布大小设置为：
宽度 15.0 cm，高度 11.0 cm，注意给图像的定位（左上角），如图 1-2-14 所示。

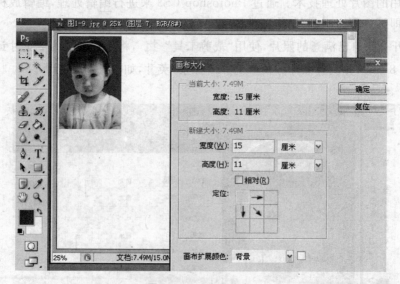

图 1-2-14　扩展画布

（4）执行"编辑"→"粘贴"命令（快捷键为 Ctrl＋V），选择"移动工具"，拖动图像到合适
位置，再粘贴，再定位，共 7 次，如图 1-2-15 所示。

（5）执行"图层"→"合并图层"命令后，再次设置画布大小：宽度 8.9 cm，高度 12.7 cm

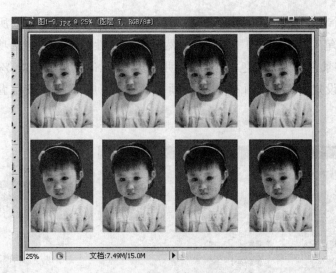

图 1-2-15　整版证件照

（就是 3R 照片的尺寸），定位中心，为图像四周加适当白边，完成后即可输出打印或拿到彩扩店去扩印了。

其他尺寸的证件照也可以照此方法排版，如在 3R 照片上排 1 英寸的证件照，在 4R、5R 照片上排 1 英寸、2 英寸的证件照等。

各种规格照片的相关参数如表 1-2-1 所示。

表 1-2-1　照片规格相关参数

照片规格	尺寸(cm)	尺寸(像素)
1 英寸	2.5×3.5	413×295
身份证大头照	3.3×2.2	390×260
2 英寸	3.5×5.3	626×413
小 2 英寸(护照)	4.8×3.3	567×390
5 英寸	5×3.5	12.7×8.9
6 英寸	6×4	15.2×10.2
7 英寸	7×5	17.8×12.7
8 英寸	8×6	20.3×15.2
10 英寸	10×8	25.4×20.3
12 英寸	12×10	30.5×20.3
15 英寸	15×10	38.1×25.4

1.2.4　Photoshop CS3 画笔工具的使用——画笔涂鸦乐趣无穷

下面将用一个画笔涂鸦的方式，来绘制一个儿童画，以了解 Photoshop CS3 画笔工具的强大功能。

（1）新建一个 400 像素×300 像素的空白图像,参数设置如图 1-2-16 所示。

（2）选择"画笔工具",如图 1-2-17 所示,然后打开属性栏上的画笔选项,选择大小为 45 的柔边画笔,将前景色设为天蓝色,画笔不透明度设为 50%,流量设为 30%,模式为正常,如图 1-2-18 所示。设定好后,在画布上用此画笔涂抹,形成天蓝色天空背景,如图 1-2-18 所示。

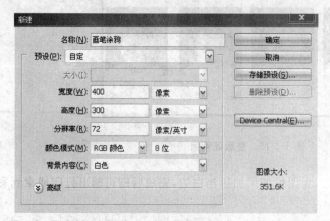

图 1-2-16　新建图像

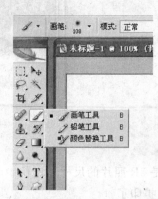

图 1-2-17　选择画笔工具

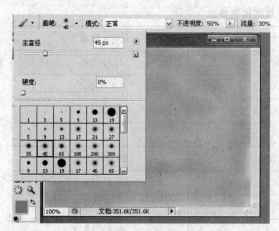

图 1-2-18　画笔属性栏设置

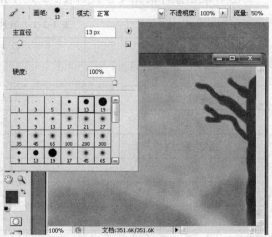

图 1-2-19　绘制草地和树干

（3）将前景色改为草绿色（R＝0、G＝160、B＝15）,在画布下边涂抹绘制出草地。再将前景色改为棕黑色（R＝70、G＝50、B＝0）,重新选择硬边缘画笔,大小为 13,在画布右边绘制出树干,具体设置和效果如图 1-2-19 所示。

（4）将前景色改为白色,选择软边缘画笔,大小为 27,不透明度为 80%,流量为 12%,在天空适当位置涂抹绘制出白云,如图 1-2-20 所示。

（5）将前景色改为红色（R＝255、G＝0、B＝0）,背景色改为橙色（R＝255、G＝180、

B＝0），在"画笔笔尖形状"选择框中，选择枫叶画笔 。然后，单击 打开"画笔"面板，在"颜色动态"选项中重新设定参数，参数设置如图 1-2-21 所示。其他选项参数保持默认即可。

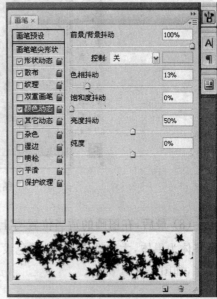

图 1-2-20　绘制白云　　　　　　　　　　图 1-2-21　枫叶画笔参数设置

（6）设定好画笔后，将不透明度设为 80%，流量设为 100%，用枫叶画笔在树干上部涂抹，形成树叶，如图 1-2-22 所示。

图 1-2-22　绘制树叶

（7）再适当设置画笔和颜色，在绿色草地上涂抹绘制出一个小女孩（裙子颜色为粉红色），作为整个图画的主体人物，如图 1-2-23 所示。

图 1-2-23 绘制小女孩

(8) 最后,在图画的适当位置写上文字,以说明图画的意境。选择"文字工具" **T**,选择字体为黑体,大小设定为 18,颜色设为白色,在画布上单击会出现文字输入框,输入相应的文字,如图 1-2-24 所示。

图 1-2-24 输入文字

上面的例子用画笔涂鸦的方式,绘制出了一幅颇有意境的图画,也充分展示了 Photoshop CS3 画笔功能之强大。

1.3 Photoshop CS3 中的重要概念——选区、蒙版和通道

选区、蒙版和通道的概念,尤其是它们之间的关系,是 Photoshop 的关键知识,读者应该着重学习。

1.3.1 建立选区

"选区"指图像处理的目标区域,建立选区是图像处理过程中不可或缺的步骤。选区有多种形态,常见的有矩形选区、椭圆形选区、任意形状选区等,形成选区后图像中会出现虚线选区边界线,虚线包围的部分就是选区范围。

打开中文版 Photoshop 安装目录中"样本"文件夹里的"小鸭"图像,然后选择"魔棒工具",在"小鸭"图像的背景部分单击鼠标左键,这样,就建立了小鸭背景选区,如图 1-3-1 所示。

如果想选择小鸭,只要按 Ctrl+Shift+I 键,反选即可,结果如图 1-3-2 所示。反选(**转换选区和非选区**)是建立选区过程中的常用操作,使用快捷键能大大提高操作效率。

图 1-3-1 小鸭背景选区

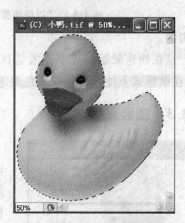

图 1-3-2 小鸭选区

建立选区是为了编辑选区内容,同时避开非选区的部分。例如,想给这只小鸭脸部画上红晕,让它出现害羞的表情,还需要从小鸭选区中扣除眼睛和嘴巴部分。具体操作方法在后面的"修改选区"部分详述。下面先了解选区的另一种形式"快速蒙版"。

1.3.2 快速蒙版

蒙版分为快速蒙版和图层蒙版两种形式。"快速蒙版"是建立和查看选区的一种方式,在快速蒙版模式下可精确查看选区的边界效果。如图 1-3-2 所示的小鸭选区,双击工具箱中的"以快速蒙版模式编辑"按钮 [○] ,在打开的对话框中"色彩指示"部分选择"所选区域",然后选择一种颜色(如红色),单击"确定"按钮。小鸭选区就蒙上一层半透明红色,半透明红色部分指示了选区范围。

如果双击"以快速蒙版模式编辑"按钮后,在打开的对话框中选择"被蒙版区域",单击"确定"按钮后,小鸭背景(即非选区部分)就蒙上一层半透明红色,非选区部分也就是被蒙版区域。

究竟让色彩指示"被蒙版区域"还是"所选区域",没有特别的规定,主要依个人习惯,一般使用偏向选择"所选区域"。而色彩指示的颜色应与所选区域有所区别,这样有利于判断

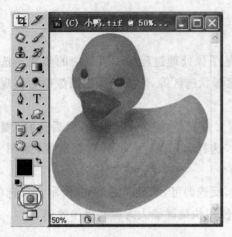 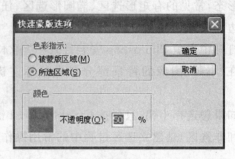

图 1-3-3　"以快速蒙版模式编辑"方式查看所选择区域

选区范围。

　　以上是在快速蒙版模式下查看选区的步骤。如果要在快速蒙版模式下建立和编辑选区,只要在该模式下使用白色或黑色画笔描画即可。

1.3.3　图层蒙版

　　"图层蒙版"用于建立图层的选区。虚线选区可以转换为图层蒙版,反过来,图层蒙版也可转换为虚线选区。下面通过给"小鸭"图像更换背景色的操作,体会图层蒙版的作用以及它与选区的关系。

　　(1) 单击"以标准模式编辑"按钮,回到虚线选区状态,按 Ctrl+Shift+I 键反选,得到小鸭背景选区,如图 1-3-4 所示。

　　(2) 单击"图层"面板下部的"创建新图层"按钮,建立图层 1,如图 1-3-5 所示。然后单击"添加图层蒙版"按钮,将选区转化为图层 1 蒙版,如图 1-3-6 所示。图层蒙版中的白色部分代表选区,黑色代表非

图 1-3-4　虚线选区状态

选区,灰色代表不完全选区。接下来,给图层 1 填充新背景色。

图 1-3-5　新建图层　　　　**图 1-3-6　选区转换为图层蒙版**　　　**图 1-3-7　选择图层 1 图像缩略图**

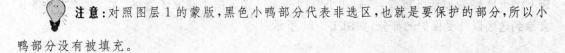

（3）选择图层 1 图像缩略图，如图 1-3-7 所示，然后单击前景色图标，在拾色器中选择一种颜色（如绿色），单击"确定"按钮。

（4）按 Alt＋Delete 键，给图层 1 填充前景色，更换图像背景颜色。

注意：对照图层 1 的蒙版，黑色小鸭部分代表非选区，也就是要保护的部分，所以小鸭部分没有被填充。

1.3.4 修改选区

若想给小鸭脸颊画上红晕，需要先选择小鸭并扣除小鸭的眼睛和嘴巴部分。实现这种想法最简单的思路是：将图层 1 蒙版转换为小鸭虚线选区，然后用"快速选择工具"从选区减去小鸭的眼睛和嘴巴部分，步骤如下：

（1）按住 Ctrl 键单击图层 1 蒙版，将其转换为选区，如图 1-3-8，1-3-9 所示。

（2）按 Ctrl＋Shift＋I 键反选，得到小鸭选区，如图 1-3-10 所示。

图 1-3-8　单击图层 1 蒙版

图 1-3-9　图层蒙版转换为选区

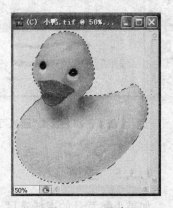
图 1-3-10　反选

（3）单击背景图层，在工具箱中选择"快速选择工具"，在属性栏中单击"从选区减去"图标，如图 1-3-11 所示。按"["键缩小画笔直径，然后按住鼠标左键在小鸭的眼睛和嘴巴部分涂抹几下。现在，选区虚线只包含了小鸭的黄色部分，如图 1-3-12 所示。

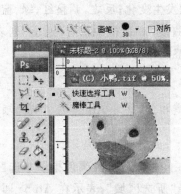
图 1-3-11　选择"快速选择工具"

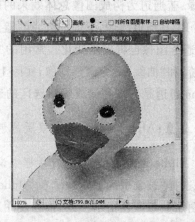
图 1-3-12　只包含黄色部分的选区

　　(4) 单击前景色图标,在打开的对话框中选择一种红色,单击"确定"按钮。然后选择"画笔工具",在属性栏中设置不透明度为 25%,用鼠标右键单击图像,在弹出的面板中将硬度设置为 0%,再调整主直径,如图 1-3-13 所示。最后单击界面空白处,隐藏"画笔"面板。按 Ctrl+H 键隐藏选区虚线,然后在小鸭脸部涂一涂。由于建立了选区,无论怎么涂,都不会涂到选区以外受保护的部分,如图 1-3-14 所示。

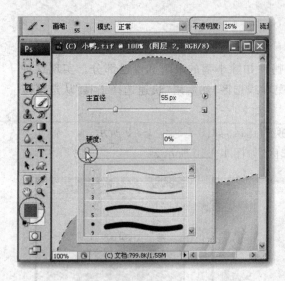 

图 1-3-13　设置"画笔"面板　　　　　　　　图 1-3-14　在小鸭脸部涂抹

1.3.5　通道

　　如果小鸭背景的虚线选区还存在,转到"通道"面板后,单击"将选区存储为通道"按钮,如图 1-3-15 所示,随后选区就转换为 Alpha1 通道。现在"通道"面板中共有 4 个通道,看上去不易理解。下面简要解释它们的作用。

　　如图 1-3-16 所示,上面 4 个为图像通道。最上面的 RGB 通道是图像总体效果通道,下面的红、绿、蓝通道为构成图像总体效果的原色通道。

　　调整 RGB 通道图像,下面的红、绿、蓝通道图像就发生变化;反之,调整红、绿、蓝通道图像,RGB 通道图像也将发生变化。常用的"色阶"和"曲线"对话框中都有"通道"列表,因此利用"色阶"和"曲线"命令调整图像,实际上就是在调整图像的通道。

　　Alpha 通道是用来存储或编辑选区的通道。

　注意:Alpha 通道和图层蒙版的色彩指示可能相反,这与 Alpha 通道的选项设置有关。双击 Alpha 通道,在打开的对话框中设置色彩指示,如图 1-3-17 所示。

　　如果选择"被蒙版区域",表示在 Alpha 通道里以白色指示选区,黑色指示非选区(默认选项,与图层蒙版颜色指示一致,推荐使用);如果选择"所选区域",表示在 Alpha 通道里以黑色指示选区,白色指示非选区。

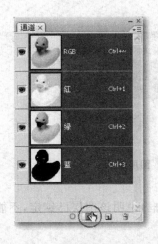
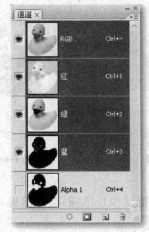
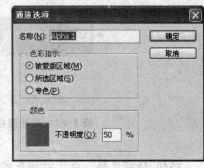

图 1-3-15　"将选区存储为通道"按钮　　图 1-3-16　"通道"面板　　图 1-3-17　"通道选项"对话框

按住 Ctrl 键单击不同的通道,可将通道图像转换为虚线选区。通道图像中的白色区域完全选择,黑色区域不选择,灰色区域部分选择。

1.3.6　选区、蒙版和通道的关系

下面总结选区、蒙版和通道的关系:
- 虚线选区和快速蒙版是建立和编辑选区的两种常用形式。
- 虚线选区和图层蒙版可以互相转换,图层蒙版可以保留选区建立成果。
- 虚线选区和 Alpha 通道也可以互相转换,Alpha 通道可以保留选区建立成果。

选区、蒙版和通道的关系,只要经过多次练习,就能完全理解。

1.4　Photoshop CS3 中的重要概念——图层

是否支持图层,是专业和非专业图像处理软件的主要区别之一。可以将图层想像成一张张叠在一起的硫酸纸,可以通过图层的透明区域看到下面的图层,对某一图层中的图像修改不会影响其他图层的内容。通过更改图层的顺序和属性,可以改变图像的合成效果。通过多个图层叠加,可实现非常复杂的效果。

1.4.1　图层和背景的区别

打开 Photoshop CS3,按 Ctrl＋O 键,在"打开"对话框中,选择 Photoshop 安装目录下的"样本"文件夹,按住 Ctrl 键选择"沙丘.tif"和"向日葵.psd"文件,单击"打开"按钮。

分别选择这两个文件窗口,并查看"图层"面板,会发现两者图层构成不同,一个是"背景",另一个是"图层 1",如图 1-4-1、图 1-4-2 所示。两种图层的主要区别就是能不能移动图像。

图 1-4-1　背景图层

图 1-4-2　图层 1

选择"移动工具",按住鼠标左键拖动沙丘图像,会弹出提示框,说明该图层已锁定,不能移动图层图像。

 注意:背景图层右边有小锁标记,锁住了,就不能移动。

为什么背景图层要锁定呢? 因为作为背景的图像通常不需要移动。而用"移动工具"却能拖动向日葵图像,因为该层没有锁定。如果想移动沙丘图像,必须先解除锁定,让其转变为普通图层,方法是:双击小锁标记,在打开的对话框中单击"确定"按钮。

1.4.2　多图层图像实例解析

对于"图层"面板,初学者需首先了解图像层、混合模式、图层不透明度、调整层、图层蒙版、图层样式这几个概念。

按 Ctrl+O 键,在"打开"对话框中选择 Photoshop 安装目录里的"样本"文件夹,选择"花.psd"文件,单击"打开"按钮打开图像,如图 1-4-3 所示。

图 1-4-3　鲜花图像

查看"图层"面板,一幅图像放在最底层作为"花卉背景"。单击除最底层以外其他图层左边的眼睛图标,隐藏这些图层显示,即可看到花卉背景图像,如图 1-4-4 所示。放置图像的图层就是图像层。

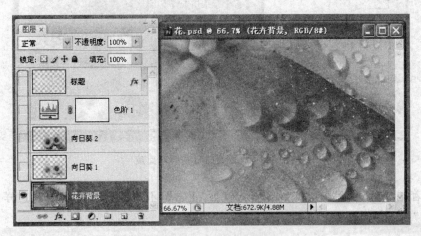

图 1-4-4 花卉背景图像

一幅向日葵图像放在了花卉背景之上的新图层中,取名为"向日葵 1",并使用橡皮擦工具擦掉不需要的部分,使之透明,透明部分显示为方格效果,这样就出现了向日葵与花卉背景的合成效果,单击"向日葵 1"图层左边的方框,显示眼睛图标,查看效果如图 1-4-5 所示。

图 1-4-5 添加了向日葵图像

现在的画面中,向日葵对比度显得较弱,于是又把向日葵图像放入新图层,取名为"向日葵 2",使用橡皮擦工具擦掉了不需要的部分,然后将该层的混合方式改为"叠加",并降低"不透明度",加强了向日葵的对比度。为了增加梦幻效果,还对"向日葵 2"图层的图像进行了高斯模糊处理。单击"向日葵 2"图层左边的方框,显示眼睛图标,查看合成效果,如图 1-4-6 所示。

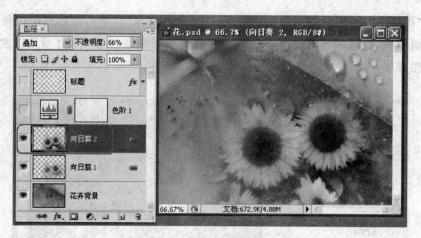

图 1-4-6　增强向日葵的对比度

　　可试着把"向日葵 2"图层的混合模式改为"正常",不透明度改为 100％,这样就能看到"向日葵 2"图层图像的原来效果。

　注意:"混合模式"决定了当前图层与下层图像如何混合;"不透明度"决定了当前图层图像的不透明程度,数值越小,图像越接近透明。"混合模式"与"不透明度"是图层混合过程中经常要调整的参数。

　　再把"向日葵 2"图层的混合模式改回"叠加",不透明度改回 66％。然后单击"色阶 1"图层左边的方框,显示眼睛图标,查看效果,发现全图对比度增强了。这是色阶 1 调整层的作用,它作用于下面 3 层的混合结果,如图 1-4-7 所示。

色阶 1 图层增加了下面 3 层混合效果的颜色对比度

图 1-4-7　调整层的作用

　　"调整层"是指不直接作用于图像、便于修改参数的颜色调整图层,即把调色命令当作图层来使用。添加"调整层"的方法很简单:单击"图层"面板底部的"创建新的填充或调整图层"按钮,在弹出的菜单中选择相应命令即可,如图 1-4-8 所示。

注意：使用调整层处理，不会破坏原图，修改参数方便。如果要修改调整参数，只要双击调整层缩略图（图 1-4-9），在弹出的对话框（图 1-4-10）中调整即可。

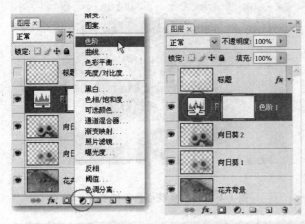

图 1-4-8　添加调整层　　图 1-4-9　调整层缩略图　　图 1-4-10　"色阶"对话框

单击"标题"图层左边的方框，显示眼睛图标，查看效果，如图 1-4-11 所示。

 注意：此"标题"图层并非可编辑的文字层，文字层的缩略图中应该有"T"字样。制作者为了便于此图在没有安装特殊字体的计算机中打开，已经把文字层转换为图像层。

图 1-4-11　显示"标题"图层

如果说此图还有什么缺点，那就是向日葵花心颜色过深，细节损失较大。如果要恢复一些细节，先选择造成向日葵花心颜色过深的图层，然后添加图层蒙版，利用黑色画笔在蒙版上进行局部恢复。

就此例图像而言，造成向日葵花心颜色过深的是色阶 1 图层，选择该层的图层蒙版，如图 1-4-12 所示。设置前景色为黑色，选择"画笔工具"，在属性栏中设置不透明度为 20%，然后按"["或"]"键调整画笔直径,在向日葵花心部分稍微涂一涂,恢复局部细节,如图 1-4-13 所示。

图 1-4-12　选择图层蒙版

图 1-4-13　恢复花心局部细节

最后,再单击"标题"图层右边的三角按钮,出现隐藏的内容,这是对图层图像应用的样式效果。此例对"标题"图层中的文字应用了投影效果。单击"投影"左边的眼睛图标,隐藏它,可查看"标题"图层原来的样子,如图 1-4-14 所示。

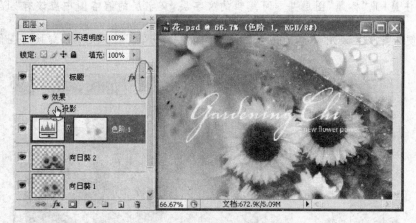

图 1-4-14　"标题"图层原效果

添加投影样式的操作很简单:双击图层的空白处,如图 1-4-15 所示,弹出"图层样式"对话框,在"样式"列表中选择某种样式,然后在右边设置对应的参数,单击"确定"按钮即可。"图层样式"对话框是给图层图像或选区内容添加各种效果的地方,如图 1-4-16 所示。

以上通过一个合成图像,了解了图层的基本构成,下面做个小结:

● 图像层用于放置图像。

● 混合模式决定该层与下层的混合效果。

● 图层不透明度决定该层的不透明程度,数值越小透明度越高。

● 调整层对下面的图层进行非破坏性调整、修改。

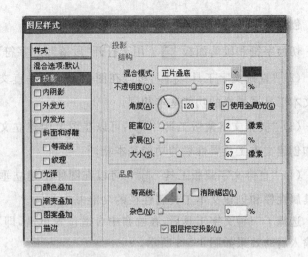

图 1-4-15 双击图层空白处　　　　　　图 1-4-16 "图层样式"对话框

- 图层蒙版就是图层选区,用来显示或遮挡图层的局部区域。
- 图层样式用于对图层图像或选区内容添加各种效果,如投影、纹理、发光等。

1.5 Photoshop CS3 中文字的输入和编辑

　　文字的输入与编辑,是图像处理软件的基础功能,文字实际上也是一种特殊的图像,Photoshop CS3 中提供了丰富的文字处理功能。下面应用文字工具输入文字,并对文字进行编辑。

1.5.1 文字的输入

Photoshop CS3 中主要有 4 种文字工具,如图 1-5-1 所示。

(1)"横排文字工具" **T** :选择"横排文字工具",或按 T 键,

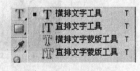

属性栏如图 1-5-2 所示。

图 1-5-1 文字工具

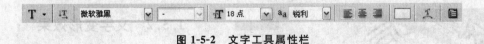

图 1-5-2 文字工具属性栏

更改文字方向 :用于选择文字输入的方向。

微软雅黑 - :用于设定文字的字体及属性。

18 点 :用于设定字体的大小。

锐利 :用于消除文字的锯齿,包括无、锐利、犀利、浑厚、平滑 5 个选项。

:用于设定文字的段落格式,分别是左对齐、居中对齐、右对齐。

:用于设置文字的颜色。

创建文字变形 ：用于对文字进行变形操作。

切换字符和段落面板 📧：用于打开"段落"和"字符"面板。

（2）"直排文字工具" |T|：可以在图像中建立垂直文本，创建垂直文本工具属性栏和创建文本工具属性栏的功能基本相同。

（3）"横排文字蒙版工具" |T|：可以在图像中建立文本的选区，创建文本选区工具属性栏和创建文本工具属性栏的功能基本相同。

（4）"直排文字蒙版工具" |T|：可以在图像中建立垂直文本的选区，创建垂直文本选区工具属性栏和创建文本工具属性栏的功能基本相同。

选择了一种文字工具后，在画布中合适位置单击，即可进入文字输入状态。4 种文字工具输入后的效果如图 1-5-3 所示。

图 1-5-3　4 种文字工具的输入效果

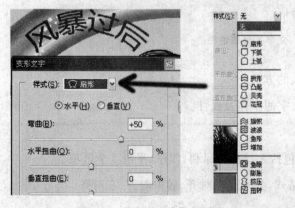

图 1-5-4　"变形文字"对话框

1.5.2　文字变形效果

可以根据需要将输入完成的文字进行各种变形。创建变形文本，可在文本工具属性栏中，单击 ⌧ 图标，即可弹出"变形文字"对话框，选择一种变形样式，调整相关参数，屏幕上的文字就可按照当前样式进行变形，如图 1-5-4 所示。

1.5.3 在路径上创建并编辑文字

Photoshop CS3 提供了新的文字排列方法,可以像在 Illustrator 中一样把文本沿着路径放置,Photoshop CS3 中沿着路径排列的文字还可以在 Illustrator 中直接编辑。设置路径文字,应用路径可以将输入的文字按照路径的走向和形状,排列成变化多端的效果。

1. 在路径上创建文字

打开一张月球图像,选择"钢笔工具" ,在属性栏中选择 图标,在图像中顺着月亮上边缘绘制一条弧形路径。选择"横排文字工具" ,将鼠标放在路径上合适位置,当鼠标光标变化时,单击路径出现闪烁的文字输入光标,此时为输入文字的起始点。输入的文字会沿着路径形状进行排列,效果如图 1-5-5 所示。

2. 在路径上移动文字

选择"路径选择工具" ,将光标放置在文字上,光标发生变化后,单击并拖曳鼠标,可以移动文字,如图 1-5-6 所示。移动过程中,如果光标移动到路径的另一侧,文字会发生翻转。

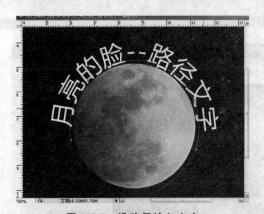
图 1-5-5 沿路径输入文字

图 1-5-6 沿路径移动文字

3. 在路径上翻转文字

选择"路径选择工具",将光标放置在文字上,光标发生变化时,将文字向路径内部拖曳,可以沿路径翻转文字,效果如图 1-5-7 所示。

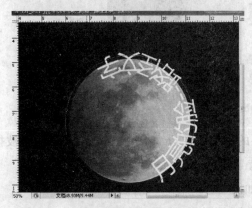
图 1-5-7 翻转文字

图 1-5-8 修改路径改变文字方向

4. 修改路径调整文字的形态

创建了路径绕排文字后，同样可以编辑文字绕排的路径。选择"直接选择工具" ↘ ，在路径上单击，路径上显示出控制手柄，拖曳控制手柄修改路径的形状，如图 1-5-8 所示，文字会按照修改后的路径进行排列。

1.6　Photoshop CS3 中高级命令的使用

1.6.1　"抽出"命令的使用——抠图

自动化高质量的抠图，是"抽出"命令的主要用途。

打开一幅小狗图像，选择"滤镜"→"抽出"命令，或按 Alt＋Ctrl＋X 键，弹出如图 1-6-1 所示"抽出"对话框，左边是"抽出"工具栏，右边是参数设置栏。"抽出"命令可以作为一个自动化的高级抠图工具来使用。具体工具和参数的含义，用户可移动鼠标到相应的位置查看即时提示信息。

图 1-6-1　"抽出"对话框

（1）使用"边缘高光器工具" ✐ ，在要抽出的小狗图像边缘拖曳鼠标，绘制出包含被抽出图像的封闭高光边缘，用于分开抽出对象与背景区域，如图 1-6-2 所示。

（2）选择"填充工具" ◢ ，填充高光区域，如图 1-6-3 所示。

（3）单击"预览"按钮，即可看到被抽出的图像，如图 1-6-4 所示。

（4）使用"清除工具"  和"边缘修饰工具" ，对抽出的图像边缘进行修整后，即可单击"确定"按钮返回编辑窗口。这时可以看到，图像背景已经去掉，小狗图像被抽出。

图 1-6-2 分开抽出图像与背景区域

图 1-6-3 填充高光区域

图 1-6-4 预览被抽出图像

1."抽出"工具栏

"边缘高光器工具" ：此工具用来绘制要保留区域的边缘。按住 Shift 键可做直线笔触。

"填充工具" ：填充要保留的区域。

"橡皮擦工具" ：可擦除边缘的高光。

"吸管工具" ：当"强制前景"被勾选时可用此工具吸取要保留的颜色。

"清除工具" ：使蒙版变为透明的，如果按住 Alt 键则效果正相反。

"边缘修饰工具" ：修饰边缘的效果，如果按住 Shift 键使用可以移动边缘像素。

"缩放工具" ：可以放大或缩小图像。直接单击图像放大视图，按住 Alt 键单击图像缩小视图。

"抓手工具" ：当图像无法完整显示时，可以使用此工具对其进行移动操作。

2．参数设置栏

（1）工具选项

画笔大小：指定边缘高光器、橡皮擦、清除和边缘修饰工具的宽度。

高光：可以选择一种或自定一种高光颜色。

填充：可以选择一种或自定一种填充颜色。

智能高光显示：根据边缘特点自动调整画笔的大小绘制高光，在对象和背景有相似的颜色或纹理时勾选此项，可以大大改进抽出的质量。

（2）抽出

带纹理的图像：对象和背景有纹理时勾选此项。

平滑：平滑对象的边缘。

通道：使高光基于存储在 Alpha 通道中的选区。

强制前景：在高光显示区域内抽出与强制前景色颜色相似的区域。

颜色：指定强制前景色。

（3）预览

显示：可从右侧的列表框中选择预览时显示原稿还是显示抽出后的效果。

效果：可从右侧的列表框中选择抽出后背景的显示方式。

显示高光：勾选此项，可以显示出绘制的边缘高光。

显示填充：勾选此项，可以显示出对象内部的填充色。

3. 抠图步骤小结

（1）打开图像，可先复制一下背景图层。

（2）单击"滤镜"→"抽出"命令，弹出"抽出"对话框。

（3）单击"边缘高光器工具"，按需抽出图像的外轮廓描边，随时调整大小，精细处用细小的笔触来描。

（4）单击"填充工具"将被抽出部分填充颜色。

（5）调整颜色覆盖的边缘。单击"清除工具"调整细节（这个很关键）；用"边缘修饰工具"沿着边缘拖动，可以有效地优化图像的边缘，它在去除杂边的同时也恢复边界内被误删的区域。

（6）如果调整效果不佳，按住 Alt 键时单击对话框中的"复位"按钮，可以使图像恢复初始状态。

（7）调整完后，可单击"确定"按钮退出"抽出"对话框，这时图像中未抽取的部分将变为透明区域，也就是抠图完成了。

1.6.2 "液化"命令的使用——图像的液体化与变形

使用"液化"命令所提供的工具，可以对图像任意扭曲，还可以定义扭曲的范围和强度，还可以将调整好的变形效果存储起来或载入以前存储的变形效果。总之，"液化"命令为变形图像和创建特殊效果提供了强大的功能。

图像的液体化与变形是"液化"命令的主要用途。

打开一幅人物照片，如图 1-6-5 所示。人物两腮部比较大，可以使用"液化"命令将人物面部适当变形，使人物形象更加靓丽。

（1）选择"滤镜"→"液化"命令，进入"液化"对话框，如图 1-6-6 所示。

图 1-6-5 人物照片

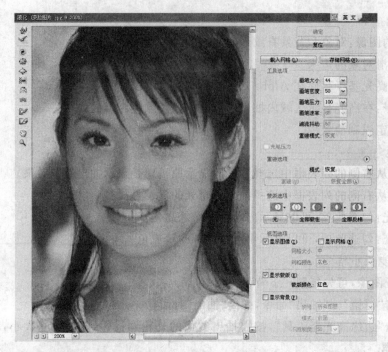

图 1-6-6　"液化"对话框

(2) 由于只想将人物两腮部变瘦,并不希望其他部分被修改,所以首先选择"冻结蒙版工具" ,并适当调整画笔大小,将不希望被修改的区域冻结,如图 1-6-7 所示。

(3) 选择"向前变形工具" ,适当调整画笔大小,在两腮部适当位置按住鼠标左键不放,轻轻向里拖动,可以看到相关像素被合理移动。经过仔细修饰后,人物脸部变瘦了,单击"确定"按钮,即完成操作,如图 1-6-8 所示。

图 1-6-7　冻结部分区域

图 1-6-8　完成后的效果

"液化"对话框中,左侧为"液化"工具栏,中间为显示操作区,右侧为参数设置栏。

1.　"液化"工具栏

"向前变形工具"　:可以在图像上拖曳像素产生变形效果。

"重建工具"　:对变形的图像进行完全或部分的恢复。

"顺时针旋转扭曲工具"　:当按住鼠标左键或来回拖曳时顺时针旋转像素。

"褶皱工具"　:当按住鼠标左键或来回拖曳时像素靠近画笔区域的中心。

"膨胀工具"　:当按住鼠标左键或来回拖曳时像素远离画笔区域的中心。

"左推工具"　:移动与鼠标拖动方向垂直的像素。

"镜像工具"　:将范围内的像素进行对称拷贝。

"湍流工具"　:可平滑地移动像素,产生各种特殊效果。

"冻结蒙版工具"　:可以使用此工具绘制不会被修改的区域。

"解冻蒙版工具"　:使用此工具可以使冻结的区域解冻。

"缩放工具"　:可以放大或缩小图像。

"抓手工具"　:当图像无法完整显示时,可以使用此工具对其进行移动操作。

2.　参数设置栏

载入网格:单击此按钮,然后从弹出的对话框中选择要载入的网格。

存储网格:单击此按钮可以存储当前的变形网格。

画笔大小:指定变形工具的影响范围。

画笔压力:指定变形工具的作用强度。

湍流抖动:调节湍流的紊乱度。

光笔压力:勾选此项,使用从光笔绘图板读出的压力。

模式:可以选择重建的模式。

重建:单击此按钮,可以依照选定的模式重建图像。

恢复全部:单击此按钮,可以将图像恢复至变形前的状态。

无:单击此按钮,移去所有冻结区域。

全部蒙住:单击此按钮,冻结整个图像。

全部反相:单击此按钮,将冻结区域与未冻结区域进行转换。

显示网格:勾选此项,在预览区中将显示网格。

显示图像:勾选此项,在预览区中将显示要变形的图像。

网格大小:选择网格的尺寸。

网格颜色:指定网格的颜色。

蒙版颜色:指定冻结区域的颜色。

显示背景:勾选此项,可以在下面的列表框中选择作为背景的其他图层或所有图层都显示。

不透明度:调节背景的不透明度。

1.6.3　"消失点"命令的使用——透视图像的再造与修复

"消失点"命令可以对含有透视平面的图像进行透视调节编辑,透视平面包括建筑物或任何矩形物体的侧面。使用"消失点",先选定图像中的平面,然后运用绘画、克隆、拷贝、粘贴以及变换等编辑工具对其进行编辑。所有的编辑都体现在正在处理的平面透视图中。

透视图像的再造与修复是"消失点"命令的主要用途。

下面用"消失点"命令,将素材图像中小狗边上的电线和绿叶去掉,并克隆几把刷子,而地板的透视关系和明暗度不发生明显变化。

(1) 选择"滤镜"→"消失点"命令,进入"消失点"对话框,如图 1-6-9 所示。

图 1-6-9　"消失点"对话框

(2) 使用"创建平面工具"在图像中绘制一个透视网格,如图 1-6-10 所示。

(3) 使用"选框工具"在透视网格内的地板图像上绘制一个选区,此时绘制的选区将与网格的透视角度一致,如图 1-6-11 所示。

(4) 在"选框工具"属性栏中,设置"羽化"值为 10,然后按下快捷键 Ctrl+C 对选区内的地板图像进行复制,再按下快捷键 Ctrl+V 进行粘贴。

(5) 移动光标到选区图像上,将选区内的地板图像拖动到电线位置,并使地板图像之间的接缝对齐,如图 1-6-12 所示,这样就可以很自然地修复。Ctrl+D 取消选区。

图 1-6-10 绘制透视网格

图 1-6-11 绘制选区来选取用于复制的图像

（6）选择"图章工具"，在属性栏里设置"直径"为 240，"修复"为开，再移动光标到刷子中间，按住 Alt 键单击一下，取得图章克隆的源，然后移动光标到适当位置进行涂抹，将刷子进行克隆复制，如图 1-6-13 所示。按 Alt 键还可重新选择克隆源的位置。

图 1-6-12 修复后图像

图 1-6-13 用"图章工具"克隆刷子

（7）选择"编辑平面工具"，将网格扩大到覆盖整个图像，如图 1-6-14 所示。选择"选框工具"，用同样的方法，将小狗边上的绿叶清除干净，最后的效果如图 1-6-15 所示。

图 1-6-14 扩大透视网格

图 1-6-15 清理干净的图

"消失点"工具栏中工具的主要功能如下所述。

"编辑平面工具" ![icon]：用于选择和移动透视网格。

"创建平面工具" ![icon]：用于绘制透视网格来确定图像的透视角度和方向。

"选框工具" ![icon]：用于在透视网格中绘制选区，以选择网格内的图像区域，在网格中绘制的选区与网格的透视角度是相同的。

"图章工具" ![icon]：用于克隆图像源的图像像素到指定的位置，并按被克隆位置的明暗情况进行自动修复。选择"图章工具"后，先按住 Alt 键，在透视网格中定义一个图像源，然后在被克隆的位置进行涂抹即可。克隆的图像是按照网格定义的形状进行自动透视克隆的。

"画笔工具" ![icon]：用于在透视网格内进行绘图。

"变换工具" ![icon]：用于在复制图像时，对图像进行缩放操作。

"吸管工具" ![icon]：用于在图像中选择某一颜色。

1.7　思 考 与 练 习

1. 填空题

(1) Photoshop 图像最基本的组成单元是_____。

(2) 色彩深度是指在一个图像中的_____数量。

(3) 图像必须是_____模式，才可以转换为位图模式。

(4) 可以选择连续的相似颜色的区域形成选区的工具是"_____"。

(5) "选区"指图像处理的_____区域。

(6) "液化"命令的主要用途是_____。

(7) "抽出"命令的主要用途是_____。

(8) "消失点"命令的主要用途是_____。

2. 选择题

(1) 下面对矢量图和位图描述正确的是_____。

A. 矢量图的基本组成单元是像素

B. 位图的基本组成单元是锚点和路径

C. Adobe Illustrator 9 图形软件能够生成矢量图

D. Adobe Photoshop CS3 能够生成矢量图

(2) 图像分辨率的单位是_____。

A. dpi　　　　　　　　B. ppi　　　　　　　　C. lpi　　　　　　　　D. pixel

(3) 下面_____模式色域最大。

A. HSB　　　　　　　B. RGB　　　　　　　C. CMYK　　　　　　D. Lab

(4) 当将 CMKY 模式的图像转换为多通道时，产生的通道名称是_____。

A. 青色、洋红和黄色　　　　　　　　　　B. 4 个名称都是 Alpha

C. 4 个名称都是 Black(黑色)　　　　　　D. 青色、洋红、黄色和黑色

(5) 若想增加一个图层,但在"图层"面板最下面的"创建新图层"按钮是灰色不可选,原因是_____(假设图像是 8 位/通道)。

A. 图像是 CMYK 模式　　　　　　　　B. 图像是双色调模式

C. 图像是灰度模式　　　　　　　　　　D. 图像是索引颜色模式

(6) 下面的因素中,_____的变化会影响图像所占硬盘空间的大小。

A. Pixel Diminsions(像素大小)　　　　B. Document Size(文件尺寸)

C. Resolution(分辨率)　　　　　　　　D. 存储图像时是否增加后缀

(7) _____的操作能移动一条参考线。

A. 选择"移动工具"拖拉

B. 无论当前使用何种工具,按住 Alt 键的同时单击鼠标

C. 在工具箱中选择任何工具进行拖拉

D. 无论当前使用何种工具,按住 Shift 键的同时单击鼠标

(8) 下面的工具中,_____属于规则选择工具。

A. "矩形工具"　　　B. "椭圆工具"　　　C. "魔棒工具"　　　D. "套索工具"

(9) 在 Photoshop 中,有_____通道。

A. 彩色　　　　　　B. Alpha　　　　　　C. 专色　　　　　　D. 路径

(10) 当使用 JPEG 作为优化图像的格式时,_____。

A. JPEG 虽然不支持动画,但它比其他的优化文件格式(GIF 和 PNG)所产生的文件一定小

B. 当图像颜色数量限制在 256 色以下时,JPEG 文件总比 GIF 的大一些

C. 图像质量百分比越高,文件越大

D. 图像质量百分比越高,文件越小

3. 实践题

(1) 找一张自己的生活照片,将照片裁剪,去掉背景并将背景改为红色,制作成 5 英寸的每版 8 张的证件照。

(2) 适当设置画笔,绘制一张自己想像中的涂鸦作品。

(3) 用一幅自己喜欢的图片做背景,制作一张给朋友的贺卡,要求背景图片上用变形文字书写一行祝福文字。

第 2 章　Photoshop CS3 应用——影楼照片处理

2.1　数码照片整体效果的调整

在传统的胶片摄影中,摄影师可以通过加装滤镜,或是在冲印过程中采用一些特殊方法以得到各种特别的效果。例如偏光镜可以起到削弱物体表面反射光的作用,外景摄影时可使蓝天更蓝,对比鲜明,色彩饱和;柔焦镜可以制造出一种既柔又清的效果,用它拍摄人像可柔化人体肌肤的皱纹、斑点、毛孔等,制造细腻丰润,年轻迷人的效果;而采用反转片负冲则可以获得一种非常特别、夸张的色彩。但是,要能达到上述目的,并非易事,一定要具有很专业的水平才行。然而在使用 Photoshop 软件处理照片时,很容易得到各种各样的效果,除了可以模拟常用的滤镜和冲印手法外,甚至可以制作出许多传统摄影无法完成的效果。

无论是用传统的相机还是数码相机拍摄照片,由于天气及环境等因素的影响,或者测光系统等原因,拍出来的照片往往没有满意的色调,有时甚至是灰蒙蒙的,欠缺层次感,色彩不鲜明,偏色等,所以照片的后期处理是必不可少的。照片的调整最主要是色调的调整和色彩的调整,色调的调整主要调节图像颜色的明暗度,而色彩的调整主要是通过调整色相、饱和度及色彩平衡或照片滤镜等手段来实现。下面以任务为单元,对常用的调整命令逐一介绍。

2.1.1　任务一　照片曝光的调整

1. 任务介绍与案例效果

照片裁剪与曝光的调整,作为数码照片处理的第一步工作是很重要的,曝光不足或过曝是摄影拍照的禁忌之一,照片构图不良也是常见的拍照问题之一,可以用数码照片后期处理,部分地解决这些问题,它为后续工作奠定一个良好的工作基础。下面分别介绍 5 张曝光不当的照片的处理,使照片亮丽。

2. 案例制作方法与步骤

(1) 原照片如图 2-1-1 所示,曝光不足,要求调整成如图 2-1-2 所示的效果。通常最简易的色彩处理方法是使用 Photoshop 提供的“自动颜色”、“自动色阶”、“自动对比度”3 个“自动”命令。

单击“图像”→“调整”→“自动颜色”命令,调整后的效果如图 2-1-2 所示。

使用 3 个“自动”命令,固然很方便,但其功能毕竟有限,调整的力度不大,有时不一定能达到满意的效果。而使用“曲线”命令则能达到更好的效果。

(2) 原照片如图 2-1-3 所示,色调昏暗,要求调整成如图 2-1-4 所示的效果。

图 2-1-1　原照片

图 2-1-2　"自动颜色"调整后的效果

图 2-1-3　原照片

图 2-1-4　"曲线"调整后的效果

　　单击"图像"→"调整"→"曲线"命令,出现"曲线"对话框。鼠标对准曲线对角线上某点单击,在曲线上增设控制点,鼠标对准控制点按住左键拖动即能改变图像的明暗色调,曲线上拱图像变亮,曲线下凹图像变暗,这是色调调整中最常用的方法。通过如图 2-1-5 所示的

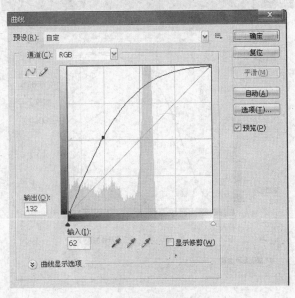

图 2-1-5　"曲线"对话框

调整，单击"确定"按钮，图像变得明亮清晰多了。调整后的效果如图 2-1-4 所示。"曲线"命令不仅能对 RGB 总体通道调整，也能对红、绿、蓝 3 个单色通道分别调整，以达到满意的效果。

（3）原照片如图 2-1-6 所示，光线较弱，对比度太小，层次不明显，要求调整后效果如图 2-1-7 所示。

图 2-1-6　原照片　　　　　　　　图 2-1-7　"曲线"调整后的效果

"曲线"命令不仅能调整图像整体明暗程度，对于图像中的调光部分、中间调部分和暗调部分可以分别进行精细调整。

单击"图像"→"调整"→"曲线"命令，出现"曲线"对话框。鼠标对准曲线上某点单击，在曲线上增设 3 个控制点，鼠标对准控制点按住左键拖动，如图 2-1-8 所示，使曲线呈 S 形。单

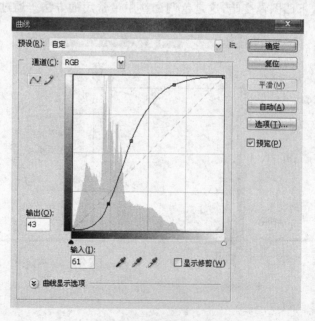

图 2-1-8　"曲线"对话框

击"确定"按钮,对比度明显改善,调整后效果如图 2-1-7 所示。

（4）原照片如图 2-1-9 所示,对比度太小,要求调整后的效果如图 2-1-10 所示。

色阶是指图像中颜色的明暗度,是色调调整的主要内容,"色阶"命令是色调调整的常用方法。

图 2-1-9 原照片

图 2-1-10 "色阶"调整后的效果

单击"图像"→"调整"→"色阶"命令,出现"色阶"对话框,拖动"输入色阶"直方图下方的3 个滑块,可以调整图像的亮度：

● 向左拖动"输入色阶"中白色滑块,可以使图像变亮。

● 向右拖动"输入色阶"中黑色滑块,可以使图像变暗。

● 拖动"输入色阶"中灰色滑块,可以使图像的像素重新分布。向左拖增多亮调的像素,使图像变亮;向右拖增多暗调的像素,使图像变暗。

拖动"输出色阶"下方的白色滑块,可以调整图像亮部对比度;拖动"输出色阶"下方的黑色滑块,可以调整图像暗部对比度。

● 向左拖动"输出色阶"中白色滑块,可以降低图像亮部对比度,从而使图像变暗。

● 向右拖动"输出色阶"中黑色滑块,可以降低图像暗部对比度,从而使图像变亮。

按图 2-1-11 所示调整后,单击"确定"按钮,调整后的效果如图 2-1-10 所示。

（5）原照片如图 2-1-12 所示,照片亮度和对比度不佳,可以使用"亮度/对比度"命令快

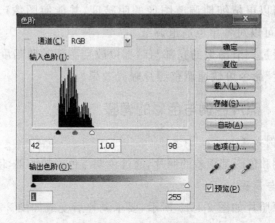

图 2-1-11 "色阶"对话框

速调整照片效果,调整后的效果如图 2-1-13 所示。

　　单击"图像"→"调整"→"亮度/对比度"命令,出现"亮度/对比度"对话框,拖动亮度和对比度滑块,即可调整图像的亮度和对比度。按图 2-1-14 所示操作,单击"确定"按钮,调整后的效果如图 2-1-13 所示。

　　　　图 2-1-12　原照片　　　　　　　　图 2-1-13　"亮度/对比度"调整后的效果

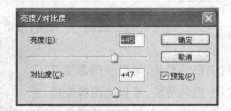

图 2-1-14　"亮度/对比度"对话框

　　3. 任务知识点解析

　　(1)"自动颜色"命令可通过搜索实际图像来调整图像的颜色或对比度。

　　(2)"自动色阶"命令用于自动调节整幅图像的明暗度,它不能调整图像中的某一种色调,因此适用于调节缺乏对比度的图像。

　　(3)"自动对比度"命令适用于自动调整当前图像的总体对比度和混合颜色,将图像中的最亮和最暗像素映射为白色和黑色,使高光显得更亮而暗调显得更暗。

　　(4)"曲线"命令可以更精细地调节图像的明暗度,并能使图像产生反相效果。既能对整个颜色通道调节,也可以对各单色通道调节。

　　(5)"色阶"命令通过调节图像的亮部与暗部以改变图像的明暗度。

　　(6)"亮度/对比度"命令可快速调整照片曝光效果。

2.1.2　任务二　照片色调与色彩的调整

　　1. 任务介绍与案例效果

　　下面处理几张色调和色彩都很差的照片,通过色调与色彩的调整,使其达到亮丽的效果。

　　2. 案例制作方法与步骤

　　(1)春天拍摄的原照片如图 2-1-15 所示,要求调整后变成如图 2-1-16 所示的金秋效果。要调整图像的颜色,使用"色相/饱和度"命令,是一种非常快捷的方法。使用该命令,不仅可以调整整幅图像的色相及饱和度,还可以分别调整图像中不同颜色的色相及饱和度。

图 2-1-15 原照片

图 2-1-16 "色相/饱和度"调整后的效果

单击"图像"→"调整"→"色相/饱和度"命令,出现"色相/饱和度"对话框,拖动"色相"、"饱和度"、"明度"下方的滑块,可以调整图像的颜色、颜色的饱和度、颜色的亮度。按图 2-1-17 所示操作,单击"确定"按钮,能得到如图 2-1-16 所示的金秋效果。

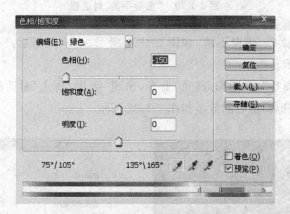

图 2-1-17 "色相/饱和度"对话框

(2) 如图 2-1-18 所示的原照片,肤色发灰且暗,无光泽,要求调整后产生的效果如图 2-1-19 所示,使肤色红润。

图 2-1-18 原照片

图 2-1-19 "色彩平衡"调整后的效果

使用"色彩平衡"命令可以增加某一种颜色，或减少该色的补色。另外，也可以使用此命令为图像叠加各种颜色。

单击"图像"→"调整"→"色彩平衡"命令，出现"色彩平衡"对话框。按图 2-1-20 所示操作，单击"确定"按钮，调整后的效果如图 2-1-19 所示。

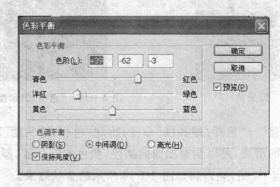

图 2-1-20　"色彩平衡"对话框

（3）原照片光线太暗，模糊不清，如图 2-1-21 所示，要求调整后产生的效果如图 2-1-22 所示，把羊群清晰显示。

单击"图像"→"调整"→"阴影/高光"命令，出现"阴影/高光"对话框。按图 2-1-23 所示操作，单击"确定"按钮，调整后的效果如图 2-1-22 所示。

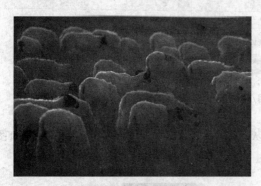

图 2-1-21　原照片

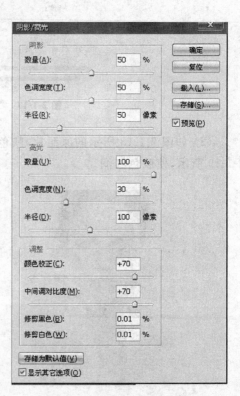

图 2-1-22　"阴影/高光"调整后的效果　　　　图 2-1-23　"阴影/高光"对话框

（4）原照片色调偏冷，如图 2-1-24 所示，要求调整后产生如图 2-1-25 所示效果，呈现出暖色调。

使用"照片滤镜"命令可以模拟传统光学滤镜特效，能使照片呈现暖色调、冷色调，及其他颜色的色调。

单击"图像"→"调整"→"照片滤镜"命令，出现"照片滤镜"对话框，选中"滤镜"单选按钮，可在滤镜下拉列表中选取"加温滤镜"或"冷却滤镜"或某种单色滤镜。按图 2-1-26 所示操作，单击"确定"按钮，调整后的效果如图 2-1-25 所示。

图 2-1-24　原照片　　　　　　　　图 2-1-25　"照片滤镜"调整后的效果

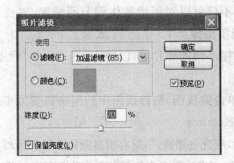

图 2-1-26　"照片滤镜"对话框

（5）使用"色调均化"命令，能快速方便地调整图像的色调，使图像鲜艳亮丽。

单击"图像"→"调整"→"色调均化"命令，不需任何操作，图像立刻鲜艳亮丽起来了。读者可用如图 2-1-21 所示素材试一下效果。

3. 任务知识点解析

数码照片综合效果的调整主要是指色调和色彩的调整。色调调整主要是调节图像的明暗度，色彩调整主要是调节图像的颜色。

（1）"亮度/对比度"命令用于调节整幅图像的亮度与对比度，且一次性调整图像中的高光、暗调和中间色调，不能对单一通道进行单独调节，因此不适合进行精确的色调调节，但对于对比度不明显的图像非常有效。

（2）"色相/饱和度"命令用于调整图像的色相、饱和度和亮度，可以对图像中单个的颜色进行调节，还可以为灰度图像进行着色。

（3）"色彩平衡"命令用于调节图像的颜色，以达到色彩平衡，可以增加某一种颜色，或减少该颜色的补色。

（4）使用"阴影/高光"命令，可以使图像中过暗或过亮的区域，尽最大可能地显示出其细节，以便于深入地编辑及调整。

（5）使用"照片滤镜"命令所产生的效果，类似于照相机镜头透过带颜色的滤镜所产生的效果。

（6）使用"色调均化"命令，可以自动查找图像中最亮和最暗的数值，最暗的像素被填充为黑色，最亮的像素被填充为白色，然后将图像像素的亮值重新均匀分配，使它们更均匀地表现所有亮度级别。

2.1.3　思考与练习

1. 填空题

（1）要调整图像的色调和色彩，最简便的方法是使用 3 个全自动的傻瓜命令，它们是"_____"、"_____"和"_____"。

（2）使用"色阶"命令，可以通过调整图像的亮度和暗度，以改变图像的_____。

（3）使用"自动色阶"命令，可以自动调整整幅图像的明暗度，"自动色阶"命令适用于调节_____的图像。

（4）使用"曲线"命令，不仅可以对图像整体调节明暗度、对比度等，并能对_____通道作更细致的调节，甚至能使图像产生_____效果。

（5）对于色调太暗、模糊不清的照片，可以使用"_____"命令，使图像鲜艳亮丽。

2. 选择题

（1）按住_____键单击曲线图，则曲线图中的网格将变为 10×10 的。

A. Ctrl　　　　　B. Shift　　　　　C. Alt　　　　　D. 空格

（2）对局部图像的编辑，应先创建选区，对有明显颜色分界的区域，应使用_____最方便。

A. "矩形选框工具"　B. "多边形套索工具" C. "磁性套索工具"　D. "椭圆选框工具"

（3）对于有白色背景的图像，要为图像创建选区，最方便的方法是先选取背景，再反选，这样就很方便地创建了图像的选区，选取背景最方便的方法是使用_____。

A. "磁性套索工具" B. "矩形选框工具" C. "套索工具"　　　D. "魔棒工具"

3. 实践题

根据教程中介绍的例子，选择相应曝光不足或色偏图片素材，调整为正常图片。

2.2　人物照片的美容与装饰

2.2.1　任务一　人物照片的脸部美容修饰

1. 任务介绍与案例效果

人物照片有其特殊性，除了一般照片的色彩、色调要求之外，由于人物脸部存在的固有缺陷,如肤色不佳、皮肤粗糙或有青春痘、老年斑等,需要修饰。

2. 案例制作方法与步骤

(1) 去除脸部杂色斑点。如图 2-2-1 所示,原照片人物脸颊上有一块胎记,要求去除斑点杂色,达到效果如图 2-2-2 所示。

图 2-2-1 原照片　　　　　　　　图 2-2-2 "污点修复画笔工具"效果

原照片人物脸颊上有一块胎记,要去除斑点杂色,最方便的办法就是使用"污点修复画笔工具"。单击"污点修复画笔工具",根据斑点大小,在属性栏上设置合适的画笔直径和很小的硬度,鼠标在胎记上单击或涂抹,胎记就立即消失了,效果如图 2-2-2 所示。

"污点修复画笔工具"是 Photoshop CS3 版才增加的新功能,虽然方便,但由于自动取样,有时效果不是很理想,污点虽去除了,但有时会出现与周围颜色不协调的痕迹。

更好的办法是使用"修复画笔工具"。单击"修复画笔工具",根据斑点大小,在属性栏上设置合适的画笔直径和很小的硬度,按住 Alt 键,在斑点周围附近处单击取样,用鼠标在斑点上涂抹,斑点立即消失,而且周围不会有颜色不协调的痕迹。这是因为"修复画笔工具"不仅能用取样点的颜色替代斑点,而且还能自动与周边的颜色融合,这是"修复画笔工具"独特的优点。

(2) 消除脸上皱纹。如图 2-2-3 所示,原照片额头和眼睛周围分布着皱纹,要求美容效果如图 2-2-4 所示。

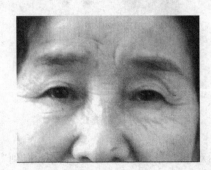 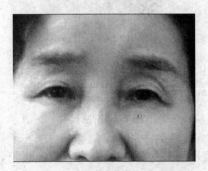

图 2-2-3 原照片　　　　　　　　图 2-2-4 "修复画笔工具"效果

　　单击"修复画笔工具"，在属性栏上设置合适的画笔直径和很小的硬度，按住 Alt 键，在皱纹附近处单击取样，用鼠标在皱纹上涂抹，皱纹立即消失，其效果如图 2-2-4 所示。

图 2-2-5　原照片

　　（3）消除照片红眼。如图 2-2-5 所示，原照片有红眼缺陷，放大后的眼部效果如图 2-2-6 所示，要求美容效果如图 2-2-7 所示。

　　用闪光灯拍摄的照片，经常会出现红眼的缺陷，消除红眼缺陷是很容易的。将图 2-2-5 所示照片中眼睛部分放大如图 2-2-6 所示，单击"红眼工具"，在属性栏上设置合适的"瞳孔大小"和"变暗量"，如分别设为 85% 和 90% 后，鼠标在红眼处单击，红眼立即消失，效果如图 2-2-7 所示。如应用 Potoshop CS2 以前的老版本软件，没有"红眼工具"，可以用"修复画笔工具"，先在黑色瞳仁上取样，后用鼠标在红眼上涂抹，效果相同。

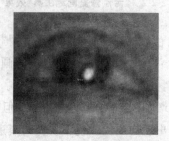

图 2-2-6　放大眼睛

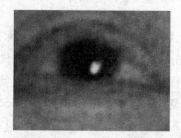

图 2-2-7　"红眼工具"效果

　　（4）如图 2-2-8 所示，原照片脸部皮肤粗糙，要求用混合模式法，美容效果达到如图 2-2-9 所示。

图 2-2-8　原照片

图 2-2-9　"混合模式"效果

　　原照片脸部皮肤粗糙，在"图层"面板上，鼠标对准背景图层，按住左键向下拖到"创建新图层"按钮，复制背景图层得到"背景副本"图层，单击"混合模式"按钮右侧的下拉箭头，单击

"滤色",其效果如图 2-2-9 所示。如皮肤还不够细腻,可用选框工具选取后,用"滤镜"→"模糊"→"高斯模糊"命令解决。

3. 任务知识点解析

(1)"污点修复画笔工具"是由"修复画笔工具"改进的新功能,不用取样,能自动按污点周围颜色取样并融合。虽方便,但有时效果不如用"修复画笔工具"好。"修复画笔工具"虽要手工取样,但是对消除污点、皱纹或红眼都有很好的效果。

(2)美化脸部皮肤的方法虽不少,但最方便的是利用图层混合模式中的"滤色"模式,再加上"滤镜"→"模糊"→"高斯模糊"命令就能使皮肤更细腻。

(3)通道滤镜法美白皮肤的关键是要选择好皮肤与周围反差较大的单色通道,再加上"滤镜"→"扭曲"→"扩散亮光"命令就能获得很好的效果。

2.2.2 任务二 人物照片更换背景

1. 任务介绍与案例效果

摄影作品是在某一时间与空间内完成的,可以用 Photoshop 把不同时间、空间的作品组合成一个完美的作品。人物照片更换背景的方法很多,最简便的是抠图粘贴法,先用选框工具或魔棒工具将人物选取,然后将选取的人物粘贴到背景图层中,再用"色彩平衡"或"色相/饱和度"对色彩和明暗度做些调整,就可得到一张合成图像。如果要求人物和背景之间相互融合,则再对粘贴上去的人物图层的"混合选项"做适当的调整就可得到较好的效果。

2. 案例制作方法与步骤

(1)用"混合选项"融合图层。原照片两张,如图 2-2-10 和图 2-2-11 所示,要求融合图层,达到最终效果如图 2-2-12 所示。

图 2-2-10 "仙女"照片

图 2-2-11 "鄂尔多斯草原"照片

① 打开如图 2-2-10 所示的"仙女"照片,单击"多边形套索工具",沿仙女外轮廓逐点选取呈封闭区域,单击"编辑"→"拷贝"命令。打开如图 2-2-11 所示的"鄂尔多斯草原"照片,单击"编辑"→"粘贴"命令,生成了图层 1。单击"编辑"→"自由变换"命令,调节仙女的大小和位置,结果如图 2-2-13 所示。

图 2-2-12　"混合选项"调节效果

图 2-2-13　粘贴仙女效果

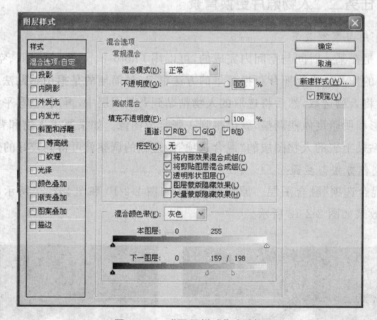
图 2-2-14　"图层样式"对话框

② 单击"图层"→"图层样式"→"混合选项"命令,出现如图 2-2-14 所示的"图层样式"对话框。将鼠标对准"下一图层"下面右侧的白色滑块,按住左键往左拖,直到上方指示"198"为止,再按住 Alt 键,鼠标对准刚调节的白色滑块的左半三角形,按住左键往左拖,使左右两个三角形分离,直到上方指示"159/198"为止。最后单击"确定"按钮,最终结果如图 2-2-12所示,呈现云端里的仙女。

(2) 用"图层蒙版"融合图层。原照片如图 2-2-15,是在静止状态下拍摄的,要求融合图层处理,最终达到如图 2-2-16 所示动态效果,用"图层蒙版"的方法可以制作成汽车在飞驰的效果。

① 在"图层"面板中,将背景图层向下拖到"创建新图层"按钮。创建"背景副本"图层。激活"背景副本"图层,单击"滤镜"→"模糊"→"径向模糊"命令,弹出"径向模糊"对话框,在

图 2-2-15　原照片

图 2-2-16　"图层蒙版"效果

该对话框中设置:数量为 50,模糊方法为缩放,品质为好,中心模糊为汽车的位置,单击"确定"按钮,如图 2-2-17 所示。

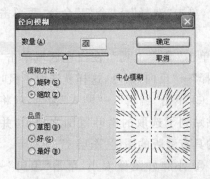

图 2-2-17　"径向模糊"对话框

图 2-2-18　"图层"面板

② 单击"多边形套索工具",在汽车和人的外轮廓逐点点击,生成一个封闭的选区。单击"图层"→"图层蒙版"→"显示选区"命令,使"背景副本"图层变成了具有蒙版的图层,"图层"面板如图 2-2-18 所示。最终效果如图 2-2-16 所示的飞驰的汽车。

3. 任务知识点解析

用图层的上、下两层之间的"混合选项"融合图层之间的图像,最大的优点在于不仅可随意隐藏上层的图像,显露下层的图像,而且白滑块和黑滑块都可以左右分开,从而能形成上下两层之间图像的过渡区,生成若隐若现的效果。

用"图层蒙版"来隐藏本图层的部分图像也是常用的方法,但效果不如"混合选项"法好,比较生硬。

2.2.3　任务三　人物照片边缘的艺术化

1. 任务介绍与案例效果

人们经常喜欢将自己的照片放置在某一种特殊形状范围(如树叶子)之内,或有一个虚幻的艺术边缘,这些效果在 Photoshop 中很容易实现。

2. 案例制作方法与步骤

(1)自选形状的艺术边缘。有如图 2-2-19 和图 2-2-20 所示的两张照片,要求经处理达到最终效果如图 2-2-21 所示。

图 2-2-19　"小胖娃"照片

图 2-2-20　"枫叶"照片

① 打开如图 2-2-19 所示的"小胖娃"照片，单击"选择"→"全部"命令，再单击"编辑"→"拷贝"命令。

② 打开如图 2-2-20 所示的"枫叶"照片，单击"魔棒工具"，在白色区域单击，然后单击"选择"→"反向"命令，这样就选取了枫叶。

③ 单击"编辑"→"贴入"命令，就将小胖娃图像粘贴到了选取的枫叶范围之内了，并生成一个新的具有蒙版的图层"图层 1"。

④ 小胖娃图像太小，单击"编辑"→"自由变换"命令，调节大小并拖到合适的位置，因为小胖娃图像是矩形的，因此在枫叶内看见矩形边的痕迹，可用"修复画笔工具"在矩形边界处修复一下就可消除痕迹了，最终效果如图 2-2-21 所示。

图 2-2-21　"艺术边缘"效果

（2）生成虚幻的艺术边缘。原照片如图 2-2-22 所示，要求生成人物虚幻的艺术边缘效果如图 2-2-23 所示。

图 2-2-22　原照片

图 2-2-23　"人物边缘虚幻化"效果

① 打开素材照片,如图 2-2-22 所示。

② 单击"多边形套索工具",在人物周围单击选取一个封闭选区。

③ 打开"通道"面板,单击下面的"将选区存储为通道"按钮,生成了"Alpha1"通道。单击 Alpha1 通道,单击"选择"→"取消选择"命令,如选区呈黑色,选区外呈白色,则按 Ctrl+I 键,使 Alpha1 通道黑白反相。

④ 单击"滤镜"→"模糊"→"高斯模糊"命令,在出现的"高斯模糊"对话框内,设置"半径"为 80,单击"确定"按钮。

⑤ 单击"滤镜"→"扭曲"→"波纹"命令,在出现的"波纹"对话框内,设置"数量"为 800%,"大小"为大,如图 2-2-24 所示。单击"确定"按钮,得到如图 2-2-25 所示的效果。

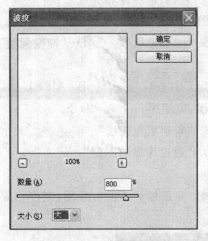

图 2-2-24　"波纹"对话框

图 2-2-25　"波纹滤镜"效果

⑥ 单击"通道"面板下面的"将通道作为选区载入"按钮,得到 Alpha1 通道保存的不规则选区。

⑦ 单击"通道"面板上的 RGB 复合通道,显示图像。

⑧ 将背景色设置为白色。按 Delete 键,删除选区中的图像,单击"选择"→"取消选择"命令,得到如图 2-2-23 所示的人物虚化边缘效果。

3. 任务知识点解析

(1) 人物照片放置在选定的形状边缘之内的关键在于,不能用通常的"粘贴"命令,而必须用"贴入"命令,一字之差而已。

(2) 虚幻边缘的生成关键在于将选区转换为通道,才能使用"滤镜"→"扭曲"→"波纹"命令,因为该命令不支持普通选区。

2.2.4　思考与练习

1. 填空题

(1) 修复图像上的纹理缺陷,最常用的工具为"＿＿＿＿＿＿＿＿"。

(2) 对图像上细微复杂、无明显边界的头发等区域的选取,最常用的方法是使用"＿＿＿

_____"滤镜。

（3）改变图像局部形状（如体形），最方便的是使用"_____"滤镜。

（4）要使图层上的图像局部隐藏，显露下层的图像，常用的方法是为该图层添加_____

_____。

（5）要使本图层的图像与下层的图像融合，部分显露又无明显分界，应使用"图层样式"

下的_____。

2. 选择题

（1）"色相/饱和度"命令可以调整图像的_____。

A. 色相   B. 饱和度

C. 亮度   D. 色相、饱和度和亮度

（2）在 Photoshop 中，有 3 种蒙版，它们是"图层蒙版"、"剪贴蒙版"和_____。

A. "图案蒙版"   B. "矢量蒙版"   C. "图像蒙版"   D. "渐变蒙版"

（3）要使图像反相显示，应使用的快捷键为_____。

A. Ctrl+I   B. Shift+T   C. Ctrl+T   D. Alt+I

（4）要将选区内的图像复制成为一个新的图层，应使用_____命令。

A. "通过剪切的图层"   B. "新建填充图层"

C. "新建调整图层"   D. "通过拷贝的图层"

3. 实践题

将下面的照片（图 2-2-26）进行人物修饰与美容，并添加合适的背景图，制作相应的边框效果。

图 2-2-26　人物照片

2.3 老照片的着色处理与怀旧照片的制作

老照片的处理主要包含污渍、破损的修复和着色处理,污渍、破损的修复主要用"仿制图章工具"和"修复画笔工具"实现。对色彩很浅的污渍可用"修复画笔工具"修复,而对于色彩很深的污渍,则必须先用"仿制图章工具"大致修复,再用"修复画笔工具"去除修复边缘痕迹。对于残缺破损的老照片,因为残缺破损的部分无法取到样,所以是很难修复的。老照片的着色处理是很容易实现的,最简单的办法是用画笔涂抹,这时的画笔模式必须用"颜色",不能用"正常",否则不能保留原图像的明暗和纹理。由于画笔笔尖有一定大小,所以在细微抹角处上色就不理想。比较好的方法是先用"多边形套索工具"选取需着色的区域,然后用"图层"→"新建填充图层"→"纯色"命令。

2.3.1 任务一 老照片的着色处理

1. 任务介绍与案例效果

老照片因年代久远,颜色泛黄,还有污渍等缺陷,所以必须先清除污渍,恢复原有的纹理,然后才着色。老照片如图 2-3-1 所示,前胸有两块黄色污渍,要求修复后的效果如图 2-3-2 所示。

2. 案例制作方法与步骤

(1) 修复污渍。

打开老照片如图 2-3-1 所示,需先把两块污渍修复。单击"仿制图章工具",根据污渍的大小,设置画笔大小,按住 Alt 键,在衣服上找一块与污渍处花纹相同的地方单击鼠标取样,然后在污渍上涂抹,污渍即被样本花纹所覆盖了,如图 2-3-3 所示。

图 2-3-1 老照片

图 2-3-2 老照片修复效果

图 2-3-3 修复污渍的效果

(2) 给老照片着色。

该老照片可分脸部和颈部皮肤、衣领、衣服、墙壁、天空等 5 个部分分别着色。

单击"多边形套索工具",选取脸部和颈部皮肤呈一封闭区域。单击"图层"→"新建填充图层"→"纯色"命令,弹出"新建图层"对话框。如图 2-3-4 所示,在"模式"下拉列表内选择"颜色",单击"确定"按钮,弹出"拾色器"对话框,选定皮肤颜色(如 R = 250、G = 150、B = 120),单击"确定"按钮,脸部和颈部着色完成,在"图层"面板内自动增加了"颜色填充 1"图层。

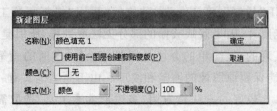

图 2-3-4　新建图层对话框

按照上面的方法分别给衣领着绿色(R = 5、G = 255、B = 5),给衣服着红色(R = 255、G = 5、B = 20),给墙壁着灰色(R = 35、G = 35、B = 35),给天空着蓝色(R = 5、G = 100、B = 255)。

图 2-3-5　"图层"面板

"图层"面板上共增加了 5 个颜色填充图层,如图 2-3-5 所示。着色完成后的最终效果如图 2-3-2 所示。如对着色不满意,只要双击某一个颜色填充图层最左边的图层缩览图,就会弹出"拾色器"对话框,重新选定颜色后单击"确定"按钮,就可更改成新的颜色了,非常方便,这是颜色填充图层的优点。

3. 任务知识点解析

清除污渍时必须保留衣服上原有的纹理,所以不能用"橡皮擦工具",要用"仿制图章工具"。取样时注意取样点的纹理和污渍周围的纹理相匹配,不然修复的纹理会有错位的痕迹。

用"新建填充图层"命令着色时,必须用菜单命令,不能用"图层"面板上的"创建新的填充或调整图层"命令,否则填充的颜色不能保留原图的纹理。

2.3.2　任务二　怀旧照片的制作

1. 任务介绍与案例效果

有时人们想把彩色照片制作成怀旧照片,留住往昔的岁月,这也是很容易实现的。彩色照片如图 2-3-6 所示,要求制作成怀旧照片最终效果如图 2-3-7 所示。

2. 案例制作方法与步骤

(1) 打开彩色照片如图 2-3-6 所示。单击"图像"→"模式"→"灰度"命令,再单击"扔掉"按钮,图像就成了黑白图像。

图 2-3-6　原照片

图 2-3-7　怀旧照片效果

　　(2) 为使图像变成泛黄的老照片，单击"图像"→"模式"→"双色调"命令，在"双色调选项"对话框中，设置"类型"为"双色调"，单击油墨 2 的色块，选取浅黄色，单击"确定"按钮，图像就更像泛黄的老照片了。

　　(3) 设置前景/背景色为默认的黑色/白色，单击"矩形选框工具"，选取白色边框内部的图像，单击"滤镜"→"杂色"→"添加杂色"命令，出现如图 2-3-8 所示的"添加杂色"对话框，设置"数量"为 10％，选择"高斯分布"，单击"确定"按钮。

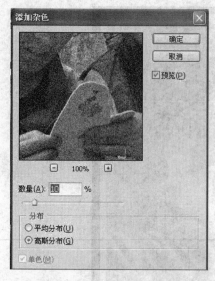

图 2-3-8　"添加杂色"对话框

下面再为图片增加擦痕,使老照片更加有擦坏的真实感。

(4) 在"图层"面板上,单击"创建新图层"按钮,创建了新图层"图层 1"。

(5) 单击"滤镜"→"渲染"→"云彩"命令。

(6) 单击"滤镜"→"纹理"→"龟裂缝"命令,出现如图 2-3-9 所示的"龟裂缝"对话框。在"龟裂缝"对话框中,设置"裂缝间距"为 100,"裂缝深度"为 10,"裂缝亮度"为 10,单击"确定"按钮。

(7) 单击"图像"→"调整"→"色阶"命令,在"色阶"对话框中,设置"输入色阶"为 235,10,255,单击"确定"按钮。这样就将裂缝以外的部分全部调整成黑色。

(8) 将图层 1 的混合模式设置为"滤色",这样图像上显示出了擦痕,但所有擦痕的轻重都一样,为调节擦痕效果,需作如下操作。

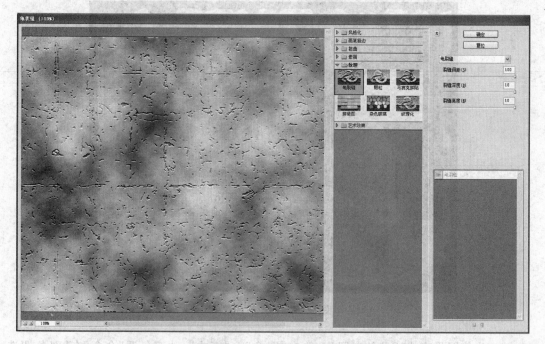

图 2-3-9　"龟裂缝"对话框

(9) 在"图层"面板上,单击"添加图层蒙版"按钮,这样图层 1 就具有了蒙版功能。

(10) 单击"滤镜"→"渲染"→"云彩"命令。

(11) 单击"图像"→"调整"→"色阶"命令,在"色阶"对话框中,将"输入色阶"的中间滑块向右拖,擦痕变轻,向左拖则擦痕变重。老照片的色调和擦痕都已生成了,单击"选择"→

"取消选择"命令,下面的操作是生成老照片破损的边缘效果。

(12) 单击"矩形选框工具",在图形外围的白色边框与黑色边框之间拖出一个矩形选框,单击"选择"→"反向"命令。

(13) 单击工具箱下方的"以快速蒙版模式编辑"按钮。

(14) 单击"滤镜"→"像素化"→"晶格化"命令,出现如图 2-3-10 所示的"晶格化"对话框。在"晶格化"对话框中,设置"单元格大小"为 50,单击"确定"按钮。

(15) 单击工具箱下方的"以标准模式编辑"按钮。

(16) 单击"图层"→"拼合图像"命令,设置前景/背景色为白色/黑色,按 Delete 键,删除选区。单击"选择"→"取消选择"命令。

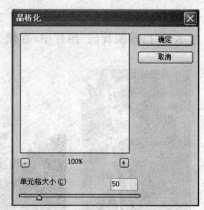

图 2-3-10 "晶格化"对话框

(17) 设置前景色为黑色,单击"画笔工具",设置适当的画笔直径,硬度为 100%,在图像的左下角和右上角涂抹,造成左下角和右上角被撕掉了一小角的残缺效果。

(18) 单击"图像"→"模式"→"RGB 颜色"命令。回复到 RGB 颜色模式,才能存储为 JPG 格式图像。最终效果如图 2-3-7 所示。

3. 任务知识点解析

(1) 制作怀旧照片关键在逼真、色彩泛黄,这就不能简单地用"去色"命令,而要先转换成"灰度"模式,再转换成"双色调"模式,这样才能像色彩泛黄的旧照片。最好再用"杂色"滤镜添加杂色点。

(2) 为了模拟旧照片表面有些擦痕,可以使用"龟裂缝"滤镜来实现。

2.3.3 思考与练习

1. 填空题

(1) 在彩色照片复古化处理时,需要将图像中的色彩去掉,然后再进行进一步的处理。将彩色图像转换为黑白图像通常使用菜单中的"＿＿＿＿＿＿＿＿"命令。

(2) 在"色阶"对话框中,设置输入色阶为(235、10、255)的操作中,输入的数值是代表 RGB 通道中的＿＿＿＿＿大小。

2. 选择题

(1) 背景图层是一个特殊的图层,它不能添加图层样式,也不能＿＿＿＿＿。

A. 用"曲线"命令调整　　　　　　　B. 添加蒙版

C. 用"色阶"命令调整　　　　　　　D. 用"画笔工具"绘画

(2) 在 Photoshop 中,更改图层属性是指更改图层在"图层"面板上显示的＿＿＿＿＿和颜色。

A. 位置　　　　　　　　　　　　　B. 隐藏与否

C. 大小　　　　　　　　　　　　　D. 名称

（3）在 Photoshop 中，用"Web 照片画廊"命令生成的电子相册，其文件的扩展名是＿＿＿＿＿。

A．jpg　　　　　　B．htm　　　　　　C．psd　　　　　　D．gif

3．实践题

（1）将如图 2-3-11 所示的"少女"照片用"抽出"滤镜选取人物，然后复制到如图 2-3-12 所示的"巴黎凯旋门"照片中，存储为"少女-巴黎凯旋门.jpg"文件，效果如图 2-3-13 所示。

图 2-3-11　"少女"照片　　　图 2-3-12　"巴黎凯旋门"照片　　　图 2-3-13　"少女-巴黎凯旋门"效果图

（2）将如图 2-3-14 所示的"美女风景"照片复制到如图 2-3-15 所示的"绿叶"照片中，以绿叶为艺术边缘，存储为"美女-绿叶.jpg"文件，效果如图 2-3-16 所示。

图 2-3-14　"美女风景"照片　　　图 2-3-15　"绿叶"照片　　　图 2-3-16　"美女-绿叶"效果图

2.4　彩色相册的制作

彩色相册一般根据已有的册子，在内页和封面贴上彩色照片。随着计算机应用的普及，现在的彩色相册不只是简单照片粘贴，更多通过不同的照片合成，制作出更加炫目的效果。本节讲解处理和合成照片的方法和技巧。通过学习，掌握照片相册的设计思路和制作要领，能够通过合理组合基本图像元素，如背景、人物、装饰物等，制作出精美的照片合成相册效果。

2.4.1 任务一 原始照片的基本处理

1. 任务介绍与案例效果

在相册制作过程中,大量的人物图片需要去除背景,这样才能在相册图像合成过程中更加自由地应用。在本节教学任务中着重介绍怎样使用"魔棒工具"、"路径工具"、通道制作选区进行抽图,为后面的相册整体设计做好准备。

2. 案例制作方法与步骤

(1) 原照片如图 2-4-1 所示,背景为蓝色背景,选择"魔棒工具","容差"设定为 32,选区制作模式设定为"添加到选区"模式,多次点选背景区域,将蓝色的背景全部选中,单击鼠标右键,选择"选择反选"命令,将人物全部选中。再单击鼠标右键,选择"通过拷贝的图层"命令,创建一个没有背景的人物图层,关闭背景图层的显示,保存文件,效果如图 2-4-2 所示。

图 2-4-1 原照片 1　　　　　　　图 2-4-2 去除背景效果 1

(2) 原照片如图 2-4-3 所示,具有背景图案,使用"钢笔工具",将图像中的人物完全选中,再将路径转化为选区。单击鼠标右键,选择"通过拷贝的图层"命令,创建一个没有背景的人物图层,关闭背景图层的显示,保存文件,效果如图 2-4-4 所示。

图 2-4-3 原照片 2　　　　　　　图 2-4-4 去除背景效果 2

（3）原照片如图 2-4-5 所示，具有蓝色背景，在"通道"面板中选取"蓝"通道（图 2-4-6），用鼠标单击"通道"面板下面的"将通道作为选区载入"图标，选中白色部分。回到"图层"面板，选中图层并复制一个新图层，按 Delete 键删除蓝色背景，使城堡的背景为透明效果，如图 2-4-7 所示。

图 2-4-5　原照片 3　　　　　图 2-4-6　"通道"面板　　　　图 2-4-7　去除背景效果 3

3. 任务知识点解析

（1）魔棒工具

主要用于背景比较单一的图像的选区制作，对于复杂对象一般不合适。在对象复杂，背景颜色单一的图像中，注意应选择单一颜色，然后进行反选，即可选择复杂对象。

（2）钢笔工具

针对颜色复杂、边缘复杂的对象，要抽出边缘比较整齐的对象，使用"钢笔工具"制作选区是一个好的选择，因为通过路径的节点可以精确调节选区的边缘。"钢笔工具"绘制直线是通过单击的方法，绘制曲线时重点在第二个点，鼠标要按住不放，稍微移动，出现手柄就可以拉出曲线了。

（3）通道选区

通道最重要的功能之一就是制作选区。使用通道制作选区的关键是要找到主体与背景反差较大的通道，复制一个新通道后，对该通道执行对比度调整等措施来制作选区。

2.4.2　任务二　照片内饰与边框制作

1. 任务介绍与案例效果

相册的制作一般有几种：对于通过图片合成的相册来说，注重的是根据相片中人物的造型特点安排一些装饰物进行点缀，比如蝴蝶、星星、气球等。此外，有时相册中的图像可以使用相框装饰。本节内容主要介绍如何设计相册的背景、安排装饰物以及相框的制作，最终效果如图 2-4-8 所示。

2. 案例制作方法与步骤

（1）选择"文件"→"新建"命令，在"新建"对话框中的设定如图 2-4-9 所示。

（2）打开如图 2-4-10 和图 2-4-11 所示的素材图片，用"移动工具"将素材添加到新建的文件中，调整其位置和大小与背景一样大小，红色图层在图层最下方。

图 2-4-8　照片内饰与边框制作最终效果图

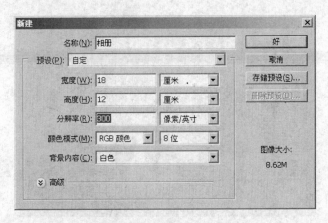

图 2-4-9　"新建"对话框

图 2-4-10　底层背景

图 2-4-11　叠加背景

（3）打开如图 2-4-7 所示的素材"城堡"文件，用"移动工具"将城堡添加到文件中，调整其大小，位置位于图层的最上方。3 个图层顺序调整如图 2-4-12 和 2-4-13 所示，"城堡"图层的混合模式设定为"变亮"，"杂色"图层的混合模式设定为"叠加"，最终效果如图 2-4-14 所示。

图 2-4-12　"变亮"混合　　　图 2-4-13　"叠加"混合　　　　图 2-4-14　城堡效果

　　（4）打开素材"星星.jpg"文件，为文件添加星星及标题，调整其位置和大小。打开素材"小猪.jpg"文件，将其添加到文件中，按住 Alt 键的同时用"移动工具"复制两个小猪，并改变其大小和位置，最终效果如图 2-4-15 所示。

图 2-4-15　添加装饰物效果

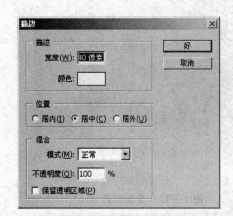

图 2-4-16　"描边"对话框

　　（5）新建一个图层，命名为"相框"，选中"圆角矩形工具"，绘制一个圆角矩形路径，使用"编辑"→"描边"命令，设置"描边"对话框如图 2-4-16 所示。为白色圆角矩形图层添加"外发光"效果，设置如图 2-4-17 所示，并对其进行移动、旋转等操作，然后在"图层"面板中将其"填充"属性设置为 0%，最终效果如图 2-4-8 所示。

　　3．任务知识点解析

　　（1）图层的混合模式

　　图层的混合模式是非常重要的一个知识点。由于模式较多，会觉得很难把握，要想在图像混合时得到最好的效果，就要不断尝试。

　　（2）图层文件管理

　　在创建包含很多图层的文件时，使用的图层非常多，养成管理图层的好习惯有助于提高

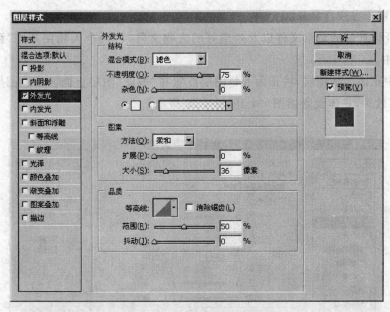

图 2-4-17　设置"外发光"效果

工作效率。如按照图层上的内容给图层起名；建立文件夹，将相关内容放在一起；通过链接工具，将相关文件链接起来。

2.4.3　任务三　彩色相册整体效果图制作

1. 任务介绍与案例效果

在完成相册前期图片素材处理，相册的相关主题背景设计以后，最后一道工序就是完成相册的整体效果图制作。当然，在整个相册制作中要涉及打印输出、贴册子、覆膜等一系列工序才算形成一个真正的相册，但在软件技法中主要涉及照片整体合成制作。

本次任务主要是将处理好的人物图片合成到设计好的背景中，完成彩色相册的整体效果图制作，最终效果如图 2-4-18 所示。

图 2-4-18　彩色相册最终效果图

2．案例制作方法与步骤

（1）打开设计好的背景文件以及处理好的人物文件，将两个人物图片用"移动工具"拖进背景文件中。

（2）选中正面人物图层，将正面人物图层放置在"城堡"图层上面。给该图层添加"外发光"和"描边"效果，具体设置如图 2-4-19，2-4-20 所示。

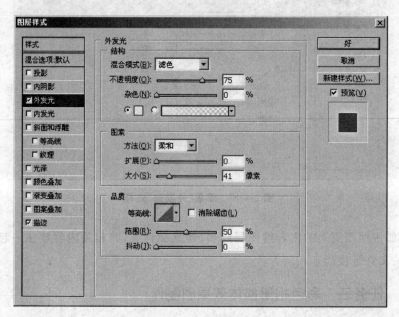

图 2-4-19　"外发光"效果

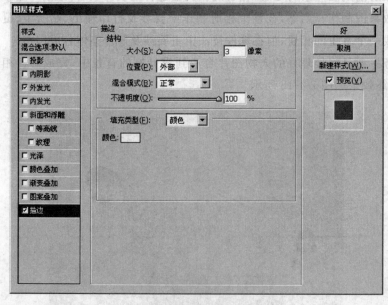

图 2-4-20　"描边"效果

（3）选中侧面人物图层，将侧面人物图层放置在"城堡"图层上面，"相框"图层下面。同样给该图层添加"外发光"和"描边"效果，具体设置如图 2-4-19，2-4-20 所示。然后调整图像的大小以适合相框为宜，最终效果如图 2-4-21 所示。

图 2-4-21 侧面人物位置效果

图 2-4-22 "图层"面板

（4）选中侧面人物图层，按住鼠标不放，将其拖到"图层"面板的"创建新图层"按钮上，复制出两个包含人物的图层，分别命名为"侧面 1"、"侧面 2"、"侧面 3"。确定"侧面 3"在最上层，选中"侧面 2"图层，将其向左、向下移动几个像素，修改其不透明度为 50%。选中"侧面 1"图层，将其向左、向下移动几个像素，修改其不透明度为 28%。具体设置如图 2-4-22 所示，最终效果如图 2-4-18 所示。

3. 任务知识点解析

（1）人物图层效果

有背景的图像合成过程中，为确保人物与背景有一定的空间感，通常可以添加一些特殊效果，如发光等。

（2）人物的变形

对人物进行放大、缩小等变形操作时，要按住 Shift 键，然后使用"自由变换"命令，否则会引起人物非比例变形，影响画面艺术效果。

（3）人物重影制作

制作重影时，后面人像位置的位移要适当，过大或过小都会影响视觉审美效果。一般通过对后面人物降低不透明度，加强人物的虚实对比，体现空间的深度和艺术美感。

（4）相册整体效果控制

一般相册的页面不仅一个，需根据已有相册页面而定。限于篇幅，本节中只制作一个页面以帮助举一反三。设计多张页面相册，要考虑整体风格的统一性，可以采用在每页中使用一两个相同的元素，或者每页使用不同的页面元素，但应用相近的颜色来进行统一。

2.4.4　思考与练习

1. 填空题

(1)"_____"命令用于扩充选区的大小。

(2)显示或隐藏标尺的快捷键为_____。

(3)按_____键,可以将当前图像中的选区取消。

(4)当要清除某图层中的图层样式时,可以使用"_____"命令。

(5)"_____"命令可以在图像的边缘外部产生一种辉光效果。

2. 选择题

(1)显示或隐藏网格的快捷键为_____。

A. Ctrl+'　　　　B. Ctrl+;　　　　C. Ctrl+<　　　　D. Ctrl+?

(2)_____混合模式,可以通过增加或降低对比度、加深或减淡颜色产生一种特殊效果。

A."强光"　　　B."柔光"　　　C."亮光"　　　D."点光"

(3)在"图层"面板中,按住_____键的同时,单击背景图层以外的图层,可以将该图层中非透明的区域作为选区载入。

A. Ctrl　　　　B. Alt　　　　C. Shift　　　　D. Ctrl+<

(4)_____混合模式,可以通过增加对比度使当前图层中的有关像素变暗。

A."变暗"　　　B."颜色加深"　　　C."正片叠底"　　　D."叠加"

(5)_____命令可以将"图层"面板中的所有图层合并为背景图层。

A."栅格化图层"　　　　　　　　B."对齐链接图层"

C."拼合图像"　　　　　　　　　D."分布链接图层"

(6)在"图层"面板中,按住_____键的同时,单击"图层"面板下方的"添加图层蒙版"按钮,可以创建一个被填充为黑色的图层蒙版。

A. Ctrl　　　　B. Alt　　　　C. Shift　　　　D. Delete

(7)选择"编辑"→"自由变换"命令,图像四周出现控制手柄,_____。

A. 将鼠标指针移至控制手柄附近,鼠标指针变为双箭头形状时,可以将图像进行缩放

B. 当鼠标指针变为弧形双箭头形状时,可以对图像进行旋转

C. 将鼠标指针放在控制手柄围成的矩形框内,鼠标指针变为实心箭头形状时,可以移动图像

D. 当鼠标指针变为十字双箭头形状时,可以移动控制手柄中心点的位置

(8)在"斜面和浮雕"对话框中,在"样式"选项的下拉列表中,提供了_____样式。

A."内斜面"　　　　　　　　　　B."外斜面"

C."浮雕效果"　　　　　　　　　D."描边浮雕"

(9)按_____键,可以用背景色填充选区。

A. Alt+Delete　　　　　　　　B. Ctrl+Delete

C. Alt+Backspace　　　　　　　D. Ctrl+Backspace

（10）选择"拼合图像"命令的方法有 _____ 。

A. 单击"图层"面板右上方的黑色三角形按钮，从弹出的菜单中选择"拼合图像"命令

B. 选择"图层"→"拼合图像"命令

C. 按 Ctrl＋E 键

D. 按 Shift＋Ctrl＋E 键

3. 实践题

根据本次所学知识设计一个相册，主要分以下两个任务：

（1）完成相册背景及装饰物设计。

（2）添加相应的图片和相关文字。

图 2-4-23 和图 2-4-24 为参考效果图。

图 2-4-23 相册背景及装饰物效果图

图 2-4-24 添加图片和文字效果图

第3章　Photoshop CS3 应用——标志图案设计

3.1　商业标志设计制作

　　商标是商品的标记,它的作用是使一种商品与其他商品区别开来,商标是确立市场形象的重要工具。商标设计要立意新颖、独具风格、简洁易记,给人留下深刻的印象。商标中可以运用汉字、数字和字母来标记商品,使标注的商品更简明,便于品牌的传播。商标中运用的词语所表达的含义,要使顾客产生舒服、美好的感觉,从而选购该商品;或者使用人名、企业名称缩写,使大众对商品的生产者、经营者加深印象,从而树立企业形象。商标中的图形通常使用具体图形以便于识别,不容易受语言文字的制约,不论在什么国度,消费者只需看图即可识品牌。设计商标首先要全面了解该企业的经营范围、理念和企业文化,综合企业的市场定位经过全面分析才能设计出代表和反映该企业内涵的标志。

　　本节针对山西人家餐饮有限公司设计一个标志。山西人家餐饮有限公司的标志以古典文化为源头,以木门花雕图案为基本元素。祥云是喜庆、兴旺、吉祥、美好的象征,更代表香飘万里、客似云来、生意兴隆、企业兴旺腾达。这些形象与中国餐饮文化的悠久历史相得益彰,完美结合,使标志既有传统美感又不失现代气息。最终的设计效果如图 3-1-1 所示。

图 3-1-1　"山西人家"商标　　　　　　　　图 3-1-2　基础图案

3.1.1 任务一 基础图案的绘制

1. 任务介绍与案例效果

本次任务先来绘制山西人家餐饮有限公司商标中的基础图案,主要是带有图案的碗、祥云和房子侧面轮廓,效果如图 3-1-2 所示。

2. 案例制作方法与步骤

(1) 新建一个图像文件,文件的相关参数设置如图 3-1-3 所示。

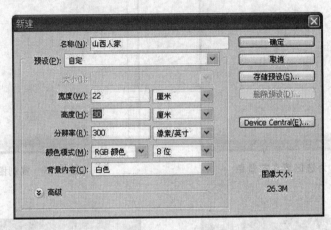

图 3-1-3 文件参数设置

(2) 显示标尺并在垂直 11.5 cm 的标尺处创建参考线,在水平 11 cm 处创建参考线,确定商标图的大致结构。

(3) 用"矩形选框工具"绘制一个矩形选区,利用"选择"→"变换选区"命令,按住 Ctrl 键调整右下角的控制点来改变选区的形状,将前景色设置为:R = 252、G = 54、B = 43,在"图层"面板中单击"创建新图层"按钮,新建一个图层,按 Alt+Delete 键为选区填充前景色,如图 3-1-4 所示。

(4) 在"图层"面板中,拖曳"图层 1"的缩略图到"创建新图层"按钮,复制生成"图层 1 副本"。执行"编辑"→"变换"→"水平翻转"命令,按 Ctrl+T 键,对复制的图形进行自由变换,按住 Shift 键拖曳控制点,将图形缩小到参考线处,并移动使其与图层 1 上矩形的相交处位于垂直参考线上。效果如图 3-1-5 所示。

(5) 利用"矩形选框工具",按住 Alt+Shift 键从垂直参考线上开始绘制一个正方形选区,在"图层"面板中单击"创建新图层"按钮,新建一个图层,将前景色设置为:R = 224、G = 47、B = 39,按下 Alt+Delete 键为选区填充前景色,如图 3-1-6 所示。

(6) 用"钢笔工具"、"直接选择工具"和"转换点工具"绘制一个碗形工作路径,在"路径"面板中双击该路径名称,将"工作路径"改为"碗",如图 3-1-7 所示。

(7) 切换到"图层"面板,新建一个图层。将前景色设置为:R = 66、G = 83、B = 113,选择"画笔工具",设置画笔"主直径"为 60 像素,"硬度"为 100%,切换到"路径"面板,在"路

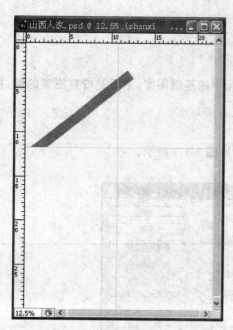

图 3-1-4　为选区填充前景色

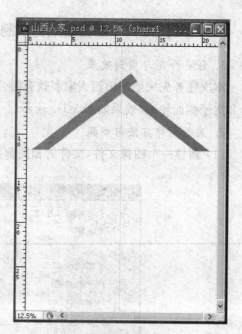

图 3-1-5　复制图形

图 3-1-6　小正方形

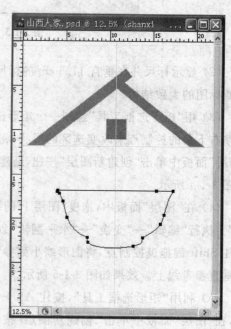

图 3-1-7　碗形路径

径"面板下方选择"用画笔描边路径"按钮,为路径"碗"添加描边,如图 3-1-8 所示。

(8)选择"多边形工具",在属性栏中选择"路径"按钮,将"边"数设置为 8,拖曳鼠标绘制如图 3-1-9 所示的路径。

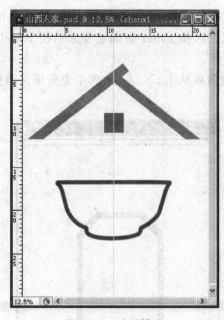

图 3-1-8 碗形描边

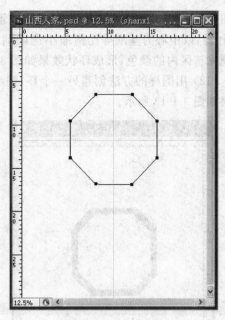

图 3-1-9 八边形路径

（9）选择"直接选择工具"调整路径形状，分别选择上下、左右对称的锚点，利用上、下、左、右方向键移动锚点的位置，最终效果如图 3-1-10 所示。

（10）在"路径"面板中，在该路径上单击右键选择"复制路径"命令，利用"直接选择工具"对复制生成的路径进行调整，效果如图 3-1-11 所示。

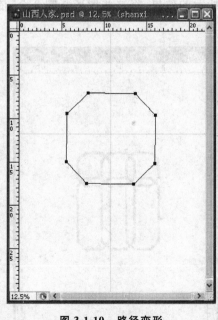

图 3-1-10 路径变形

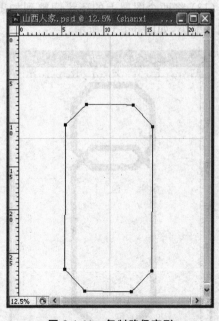

图 3-1-11 复制路径变形

（11）在"图层"面板中，新建一个图层，单击"路径"面板下方的"将路径作为选区载入"

按钮，按下 Alt＋Delete 键，为选区填充前景色。执行"选择"→"变换选区"命令，按住 Alt＋Shift 键，以中心为基准等比例缩小选区到合适的位置，按 Enter 键确定变形后按下 Delete 键删除选区内的颜色，形成环状效果如图 3-1-12 所示。

　　（12）用同样的方法创建另一个环，缩小选区时需要从上、下、左、右四个方向依次调整，效果如图 3-1-13 所示。

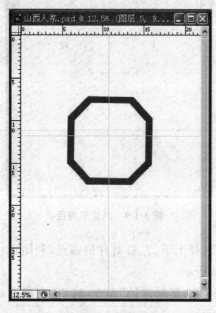

图 3-1-12　环状效果

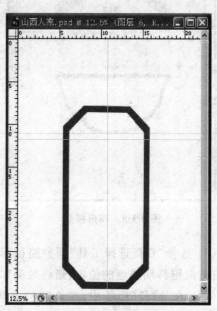

图 3-1-13　长环状效果

　　（13）将两个图层上的环状调整到如图 3-1-14 所示的效果，将这些图形复制 3 个，依次排列并缩小，如图 3-1-15 所示。

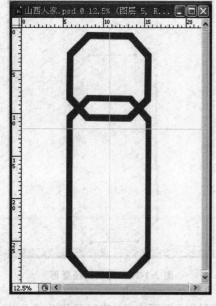

图 3-1-14　环形位置

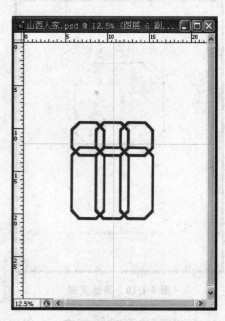

图 3-1-15　复制后效果

(14) 再复制多个图形排列成如图 3-1-16 的效果,在"路径"面板中,选择"碗"路径,单击"将路径作为选区载入"按钮,执行"选择"→"反向"命令,按 Delete 键删除碗形状以外的图形,效果如图 3-1-17 所示。

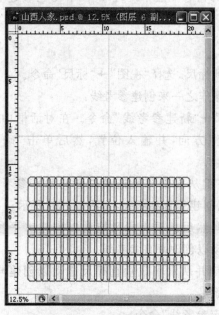

图 3-1-16 复制图形

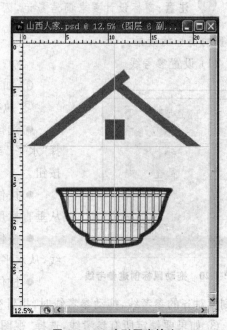

图 3-1-17 碗形图案填充

(15) 用"钢笔工具"、"直接选择工具"和"转换点工具"绘制一个祥云路径,如图 3-1-18 所示。设置前景色为:R = 236、G = 146、B = 36,新建图层,为路径填充前景色,效果如图 3-1-19 所示。

图 3-1-18 祥云路径

图 3-1-19 祥云填充效果

(16) 至此,基础图案的绘制完成,保存文件。

3. 任务知识点解析

 注意:商标设计要求简洁易记,因此其中的色彩一般不超过 3 种,否则色彩过于繁杂,影响商标的效果。

(1) 设置参考线

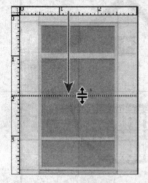

图 3-1-20 拖动鼠标创建参考线

① 如果看不到标尺,选择"视图"→"标尺"命令。

② 执行以下操作之一来创建参考线:

● 选择"视图"→"新建参考线"命令。在对话框中,选择"水平"或"垂直"方向,并输入位置,然后单击"确定"按钮。

● 按住鼠标左键从水平标尺拖动以创建水平参考线,从垂直标尺拖动以创建垂直参考线,如图 3-1-20 所示。

● 按住 Alt 键,然后从垂直标尺拖动以创建水平参考线,从水平标尺拖动以创建垂直参考线。

● 按住 Shift 键并从水平或垂直标尺拖动以创建与标尺刻度对齐的参考线,拖动参考线时,指针变为双箭头。

③ 如果要锁定所有参考线,选择"视图"→"锁定参考线"命令。

(2) 绘制编辑路径

① 运用"钢笔工具"单击创建锚点可以绘制折线路径,拖曳鼠标创建平滑锚点能够绘制曲线路径。

② 路径分为闭合路径和开放路径。连续的路径是闭合路径,如椭圆、矩形等;两端不重合的曲线称为开放路径。

③ 需要结束开放路径时按住 Ctrl 键,在路径以外的地方单击,可以结束开放路径的绘制。

④ 用"直接选择工具"可以选择锚点、路径段和方向线上的方向点,并移动锚点或方向点来修改路径的形状,但不能改变锚点的性质。

⑤ 使用"转换点工具"在平滑锚点上单击,可以将其转换成一个角点;选择"转换点工具"在角点上单击拖曳鼠标,能够把角点转换成一个平滑锚点。

⑥ "钢笔工具"组里有"添加锚点工具",它呈现一支钢笔和一个加号。使用它在路径上单击,可以增加一个锚点;同样"钢笔工具"组中还有"删除锚点工具",显示为一支钢笔和一个减号,在锚点上单击可以删掉一个锚点。

(3) 给路径描边或填色

为路径描边或填色,需要先在"图层"面板上选择或者新建一个图层,使增加的颜色呈现在该图层上。具体操作方法有如下两种:

① 在"路径"面板上选择一个路径,使用面板下方的"用前景色填充路径"按钮来给所选路径填色,单击面板下方的"用画笔描边路径"按钮来给路径描边。

② 在"路径"面板上选择一个路径,使用面板下方的"将路径作为选区载人"按钮,把路径变成一个闭合选区,再运用"编辑"菜单中的"填充"和"描边"命令来实现。

 注意:"路径"面板下方的按钮可以实现对所选路径进行前景色填充、描边、转变为选区等操作。需要提前设置好前景色和画笔的各项参数。

3.1.2 任务二 变形文字的制作

1. 任务介绍与案例效果

在任务一的基础上添加文字,使山西人家餐饮有限公司的商标进一步明确。根据公司地方特色传统美食的产品定位,以及弘扬民族饮食传统的理念,商标中的文字选用历史文化气息浓重的篆体,最终设计效果如图 3-1-1 所示。

2. 案例制作方法与步骤

(1)执行"视图"→"清除参考线"命令。选择"横排文字工具",在红色正方形上单击,输入"家"字,选择"方正小篆体",字号为 72 点,白色,按下 Ctrl+T 键将文字拖宽,如图 3-1-21 所示。

(2)选择"横排文字工具",输入"山"字,选择"方正小篆体",字号为 160 点,颜色为 R = 101、G = 152、B = 49,按下 Ctrl+T 键将文字拖宽、旋转,如图 3-1-22 所示。

图 3-1-21 "家"字效果

图 3-1-22 "山"字效果

(3)用同样的方法输入"西"字,效果如图 3-1-23 所示。

(4)选择"横排文字工具",输入"SHANXI HOME",设置为"Abduction"字体,字号为 48 点,如图 3-1-24 所示。

图 3-1-23　"西"字效果

图 3-1-24　英文名称效果

（5）制作完毕，按 Ctrl＋S 键，将文件存储为"山西人家.psd"。

3. 任务知识点解析

（1）为图层添加前景色与背景色

① 前景色和背景色按钮的左下方有一个"默认前景色和背景色"按钮，单击该按钮，可以使前景色变为黑色，背景色变为白色。

② 当选择一个图层时，按下 Ctrl＋Delete 键，可用当前背景色填充所选对象；按下 Alt＋Delete 键，可用当前前景色填充所选对象。

（2）选择图层与呈现图层内对象的选区

① 在"图层"面板的一个图层上单击，可以选择该图层，可以编辑该图层上的对象，或者向该图层添加新元素。

② 按住 Ctrl 键，单击"图层"面板上的一个图层，可以呈现该图层上对象的选区。

（3）将选区转化为路径

在"路径"面板中可以设置路径转换为选区，同样，也可以将一个选区转换为一个工作路径。通过这样的方式，可以选择图层中某个对象，把它的选区转换为路径，运用"直接选择工具"、"转换点工具"等来修改该路径，然后再把路径转换为选区，重新为选区添加填充效果或描边效果，来修改对象。

① 在"路径"面板中，单击某个路径，便可以选中该路径，画布上便呈现该路径。

② 在"路径"面板中，单击各个路径名称下方的空白区域，能够取消选择任何路径，画布上隐藏了所有路径。

（4）文字图层

利用"文字工具"在画布上添加文字，"图层"面板上便新增加一个文字图层，该图层的名称为所添加的文字,图层缩略图显示字母"T"。

使用"文字工具"可以选中文字图层中的文字,设置文字的大小、字体、颜色、样式和变形等效果。文字图层中的像素在未将图层栅格化之前不能修改,比如,不能使用"橡皮擦工具"擦掉文字图层中的文字。执行"图层"→"栅格化"→"文本"命令以后,将文字图层转换为普通的像素图层,但同时也失去了文字的属性。

 注意:商业标志设计中经常使用各种特殊字体来展现标志的风格,以更好的传递它所代表的商品。

(5)添加字体

双击控制面板中的"字体"图标,把字体文件复制粘贴到该文件夹中,便可以添加标志设计制作中需要的各种特殊字体。

3.1.3 思考与练习

1. 填空题

(1)运用"_____工具"可以绘制路径,当鼠标直接_____时绘制直线路径,而_____鼠标时可以绘制曲线路径。

(2)直线路径的锚点没有_____,因为锚点两侧的线段为直线。

(3)选中曲线上的锚点,会显示出一条或两条_____,_____的端点称为_____,通过改变_____和_____,可以改变曲线的方向和平滑度。

(4)可以使用"_____工具"来调整路径上的锚点和方向线,改变路径的形状。

(5)使用"转换点工具",在平滑锚点上_____可以将其转换为角点;或者在角点上_____,将其转换为平滑锚点。

(6)"钢笔工具"组里隐藏着"_____工具",它呈现一支钢笔和一个加号,使用它在路径上单击,可以增加一个锚点。

2. 选择题

(1)Photoshop 是标准的位图软件,但是其中的_____功能可以绘制矢量图。

A. 描边　　　　　　B. 图层　　　　　　C. 路径与形状　　　　D. 填充颜色

(2)曲线路径上的_____两侧具有平滑的曲线。

A. 平滑点　　　　　B. 角点　　　　　　C. 方向线　　　　　　D. 方向点

(3)在绘制路径的过程中,要使线段的角度限制为 45°的倍数,则在单击鼠标确定锚点时,按住_____键。

A. Alt　　　　　　　B. Shift　　　　　　C. Ctrl　　　　　　　D. Tab

(4)如果要创建开放路径,需要按住_____键在路径外单击鼠标。

A. Alt　　　　　　　B. Shift　　　　　　C. Ctrl　　　　　　　D. Tab

(5)使用_____可以选择、移动路径中的锚点,或调整曲线锚点上的方向点来改变路径的形状。

A. "路径选择工具"　B. "直接选择工具"　C. "转换点工具"　　D. "钢笔工具"

（6）要同时选择多个锚点时，可以按住＿＿＿＿＿键依次单击锚点，也可以在锚点周围拖曳选框来选取所需的锚点。

　　A．Alt　　　　　　　B．Shift　　　　　　C．Ctrl　　　　　　　D．Tab

（7）在使用"钢笔工具"时，按住＿＿＿＿＿键即可切换为"直接选择工具"。

　　A．Alt　　　　　　　B．Shift　　　　　　C．Ctrl　　　　　　　D．Tab

（8）在使用"钢笔工具"时，按住＿＿＿＿＿键即可切换为"转换点工具"。

　　A．Alt　　　　　　　B．Shift　　　　　　C．Ctrl　　　　　　　D．Tab

（9）在"路径"面板中选择路径，单击面板下面的＿＿＿＿＿按钮，可以为路径填充前景色。

　　A．"用画笔描边路径"　　　　　　　　B．"用前景色填充路径"

　　C．"将路径作为选区载入"　　　　　　D．"从选区生成工作路径"

（10）为路径描边时，下面＿＿＿＿＿操作无需设置。

　　A．在"路径"面板中选择路径　　　　　B．设置背景色

　　C．选择画笔并设置画笔参数　　　　　D．设置前景色

（11）在 Photoshop 中选择一个图层上对象的区域，应该按住＿＿＿＿＿键在该图层上单击。

　　A．Alt　　　　　　　B．Shift　　　　　　C．Ctrl　　　　　　　D．Tab

3．实践题

根据本次所学知识设计商业标志，完成以下两个任务：

（1）为一家文化传播公司设计标志。

（2）给一家超市设计标志。

3.2　公益标志设计制作

公益标志是为了提醒公众注重公共利益而设计的一些标志，大致可以分为两类：一类是在公共场所提醒大众遵守哪些规章，另一类是公益性组织的标志，比如青年志愿者的标志等。公益标志作为一种符号，其首要任务是为大众传递一定的信息，所以设计公益标志必须突出主题，使大众能够明白其内容和含义。

3.2.1　任务一　"请勿喧哗"标志的设计制作

1．任务介绍与案例效果

本次任务设计一个公益性标志"请勿喧哗"，该标志的整体构图为圆形，图案中央是一个正在说话的嘴唇造型，在它的周围有一些代表的折线，而鲜红色的斜杠表示禁止的意思。最终的设计效果如图 3-2-1 所示。

图 3-2-1　"请勿喧哗"标志

2. 案例制作方法与步骤

(1) 新建一个图像文件,文件的相关参数设置如图 3-2-2 所示。

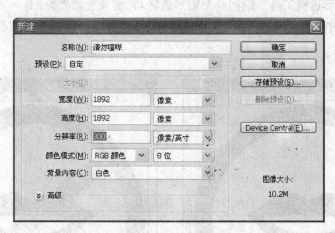

图 3-2-2 文件参数设置

(2) 调出标尺,分别拖曳出一条水平中线参考线和一条垂直中线参考线。设置前景色为:R＝152、G＝0、B＝0,选择"椭圆选框工具",按住 Alt＋Shift 键从中心点绘制一个正圆选区,按下 Alt＋Delete 键,为该选区填充前景色。执行"选择"→"变换选区"命令,再次按住 Alt＋Shift 键从选区的中心点缩小该圆形选区,按 Delete 键删除选区内的对象,形成一个圆环,效果如图 3-2-3 所示。

(3) 以参考线的中点为中心,使用"钢笔工具"、"直接选择工具"和"转换点工具"绘制一个嘴唇形状的封闭工作路径,改名为"嘴唇",如图 3-2-4 所示。

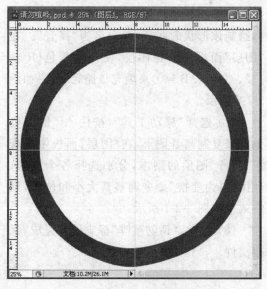

图 3-2-3 圆环

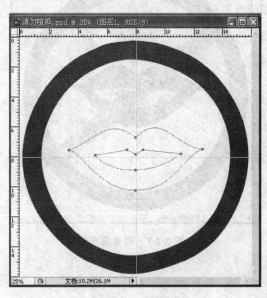

图 3-2-4 嘴唇路径

（4）在"图层"面板中新建一个图层，在"路径"面板中单击下方的"用前景色填充路径"按钮，填充嘴唇路径为前景色，效果如图 3-2-5 所示。

（5）选择"矩形选框工具"，绘制一个矩形选区，将前景色设置为：R＝255、G＝0、B＝0。在"图层"面板中新建一个图层，为该选区填充前景色，将圆环所在图层设置为顶层，效果如图 3-2-6 所示。

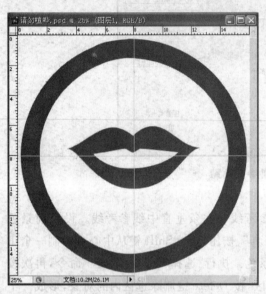

图 3-2-5　嘴唇路径填色

图 3-2-6　添加斜杠

图 3-2-7　高音填充效果

（6）选择"自定形状工具"，在属性栏中单击"路径"按钮，在"自定形状选项"下拉列表中，选择"定义的比例"选项；从"形状"下拉列表中选择形状样式"闪电"，然后拖曳鼠标绘制该形状的路径，并命名为"高音"。在"图层"面板中新建图层，使用前景色（R＝152、G＝0、B＝0）来填充该路径，效果如图 3-2-7 所示。

（7）选择"移动工具"，按住 Alt 键拖曳鼠标来复制高音图形，在"图层"面板中出现了"高音"图层的副本，分别选择各个图层，利用"自由变换"命令调整其大小和位置，最终效果如图 3-2-1 所示。

（8）至此，"请勿喧哗"标志设计完成，保存文件。

3．任务知识点解析

（1）变换选区

选择"选择"→"变换选区"命令。选区的周围会出现 8 个控制点,通过鼠标拖曳这些控制点,可以实现选区的变换。

① 拖曳控制点来缩放选区大小,如果要实现宽度和高度等比例缩放,需要同时按住 Shift 键;如果要从中心点缩放选区,需要同时按住 Alt 键。

② 鼠标靠近 4 个角上的控制点,鼠标图标会变成双箭头的弧线,这时单击左键拖曳鼠标可以旋转选区。

③ 按住 Ctrl 键拖曳 4 个角上的控制点,可以改变该控制点的位置。

④ 按住 Ctrl+Alt 键拖曳 4 个角上的控制点,可以改变该控制点和对角线上点的位置。

⑤ 按住 Shift+Ctrl 键,拖曳控制点可以使控制点沿着原选区的一个边移动。

⑥ 按住 Shift+Ctrl+Alt 键拖曳 4 个角上的控制点,能够对选区进行镜像变形。

(2)复制对象

复制对象时需要先选择相应的对象或者图层,在具体操作时一定要注意同一个作品中的不同对象放置在不同的图层上。

① 选择一个图层,按住 Alt 键的同时使用"移动工具"拖曳鼠标,可以复制该图层,生成一个和原图层完全一样的图层副本。

② 通过"编辑"菜单下的"复制"、"粘贴"命令,或者使用快捷键:Ctrl+C(复制)、Ctrl+V(粘贴)。

3.2.2　任务二　教师节标志的设计制作

1. 任务介绍与案例效果

本次任务为教师节设计制作标志,该标志的中心图案是一双手捧着一颗绿色的嫩芽,外围是一个心形,绿芽代表学生,左上角的数字进一步标明教师节。整个标志寓意教师像辛勤的园丁精心培育学生,关注学生的成长和发展,表达了对教师的崇高敬意。最终设计效果如图 3-2-8 所示。

2. 案例制作方法与步骤

(1)新建一个图像文件,文件的相关参数设置如图 3-2-9 所示。

(2)调出标尺,分别拖曳出一条水平和垂直参考线。选择"自定形状工具",在属性栏中选择"叶子 3",按照"定义的比例"绘制

图 3-2-8　教师节标志

路径并命名为"小叶"。选择"路径选择工具",按住 Alt 键拖曳该路径,再将复制的新路径水平翻转,使"小叶"路径如图 3-2-10 所示。

(3)设置渐变色:从 R=94、G=237、B=95 到 R=52、G=202、B=51。新建一个图层,单击"路径"面板中的"将路径作为选区载入"按钮,为选区填充从上到下的渐变色,

效果如图 3-2-11 所示。

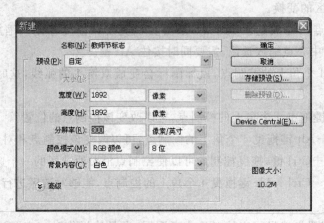

图 3-2-9　文件参数设置

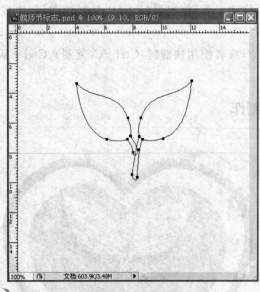

图 3-2-10　小叶路径

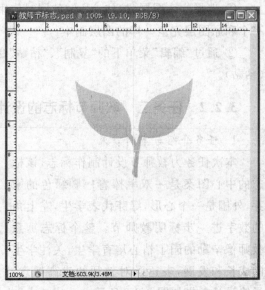

图 3-2-11　填充效果

（4）执行"图层"→"图层样式"→"斜面和浮雕"命令，弹出"图层样式"对话框。将样式设置为"内斜面"，方向设置为"上"，大小设置为"5 像素"。再勾选对话框左侧的"投影"选项，设置距离为"10 像素"，然后单击"确定"按钮，效果如图 3-2-12 所示。

（5）同样选择"自定形状工具"中的"心形"，绘制、调整路径并命名为"心形"，如图 3-2-13 所示。新建一个图层，将路径转换为选区，执行"编辑"→"描边"命令，描边宽度为 60 像素，颜色为：R = 211、G = 10、B = 18，位置选择"居外"。为该图层添加"斜面和浮雕"效果，将样式设置为"内斜面"，方向设置为"上"，大小设置为"20 像素"，效果如图 3-2-14 所示。

（6）使用"钢笔工具"、"直接选择工具"和"转换点工具"绘制一个左手捧物形状的工作路径，改名为"左手"，如图 3-2-15 所示。

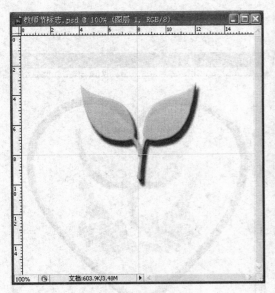

图 3-2-12 叶子效果

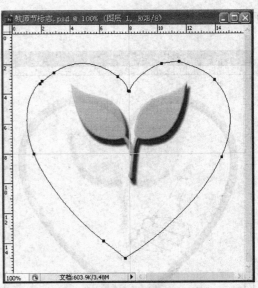

图 3-2-13 心形路径

图 3-2-14 心形效果

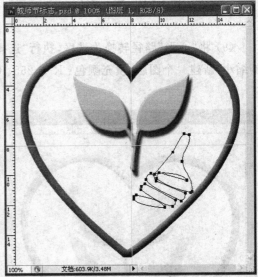

图 3-2-15 左手路径

(7) 在"路径"面板中利用鼠标拖曳"左手"路径到下方的"创建新路径"按钮上,释放鼠标,此时复制生成"左手副本"路径,改名"右手"。选择"路径选择工具",拖曳鼠标框选"右手"路径,按住 Shift 键,将"右手"路径移到垂直参考线左侧的相对位置,执行"编辑"→"变换路径"→"水平翻转"命令,使"右手"路径如图 3-2-16 所示。

(8) 设置前景色为:R = 246、G = 105、B = 0,在"图层"面板中新建一个图层,分别选择"左手"和"右手"路径,填充前景色,效果如图 3-2-17 所示。为该图层添加"斜面和浮雕"效果,将样式设置为"外斜面",方向设置为"上",大小设置为"5 像素",效果如图 3-2-18

所示。

图 3-2-16　右手路径

图 3-2-17　双手填充效果

（9）将"心形"路径转换为选区，执行"选择"→"变换选区"，将选区以中心为基准点等比例缩小，新建一个图层，填充颜色：R＝255、G＝50、B＝56，效果如图 3-2-19 所示。

图 3-2-18　双手立体效果

图 3-2-19　心形选区填充

（10）选择"横排文字工具"，输入文字"9.10"，字体为"ParkAvenue BT"，大小为"100点"，颜色为：R＝255、G＝170、B＝100。复制文字图层，使新图层中文字与双手颜色一致,调整两个图层中文字的位置,使文字呈现立体效果,如图 3-2-20 所示。

(11) 按住 Shift 键选择两个文字图层,执行"图层"→"栅格化"→"文字"命令,将文字图层转换为普通图层,按下 Ctrl+T 调整文字的方向和位置,如图 3-2-21 所示。

图 3-2-20　文字效果　　　　　　　　　　图 3-2-21　调整文字

(12) 选择"橡皮擦工具",将 3 个数字的一侧擦除,最终效果如图 3-2-8 所示。

(13) 制作完毕,按 Ctrl+S 键,将文件存储为"教师节标志.psd"。

3. 任务知识点解析

(1) 设置色彩

① 设置前景色

● 单击工具箱中的"设置前景色",打开"拾色器(前景色)"对话框,可以在 R、G、B 文本框内输入具体的数值,确定颜色。

● 将鼠标移出"拾色器(前景色)"对话框,鼠标图标变成一个"吸管工具"图标,在文档区域内任何地方单击,便可以获取该点的色彩。

② 设置背景色

设置背景色的操作方法与设置前景色基本相同。

③ 前景色与背景色互换

● 单击工具箱中的"切换前景色和背景色"按钮,可以实现前景色和背景色的互换。

● 在英文输入模式下,按键盘上的 X 键切换前景色与背景色。

(2) 图层样式

在"图层"面板中,图层样式与图层非常相似,可以通过复制、粘贴的方法复制图层样式,也可以将其从"图层"面板中删除,另外,还能够把图层样式转换为普通图层。

① 复制图层样式

要在多个图层中应用相同的图层样式效果,最快捷的方法就是复制图层样式。

● 在"图层"面板中有样式的图层上单击右键,在弹出的菜单中选择"拷贝图层样式"命令。

● 在要应用样式的图层上单击右键,在弹出的菜单中选择"粘贴图层样式"命令。

② 删除图层样式

既可以删除图层上应用的所有样式,也可以选择删除其中的部分样式。

● 删除一个图层上的所有样式:在该图层上单击右键,在弹出的菜单中选择"清除图层样式"命令。

● 删除一个图层上的部分样式:在"图层"面板中展开图层样式,将要删除的图层样式拖曳到垃圾桶中。

③ 缩放图层样式

● 执行"图层"→"图层样式"→"缩放效果"命令,输入缩放比例或拖移滑块。

● 勾选"预览",观看图像中的更改效果。

④ 把图层样式转换为普通图层

● 在"图层"面板中,选择包含要转换的图层样式的图层。

● 执行"图层"→"图层样式"→"创建图层"命令。

⑤ 隐藏图层样式效果

● 在"图层"面板中选择图层,执行"图层"→"图层样式"→"隐藏所有效果"命令,隐藏所有的图层样式效果。

● 单击图层样式名称前的"眼睛"标志,可以隐藏单个图层样式。

3.2.3　思考与练习

1. 填空题

(1) 在 RGB"颜色"面板中,R 是_____颜色、G 是_____颜色、B 是_____颜色。

(2) 按键盘中的_____键,可以将当前工具箱中的前景色与背景色互换。

(3) 当利用工具绘制矩形选区时,按 Shift 键,可以绘制_____形态的选择区域;按 Shift+Alt 键,可以绘制_____形态的选择区域;按 Alt 键,可以绘制_____形态的选择区域。

(4) 在图像文件中创建的路径有两种形态,分别为_____和_____。

(5) 矢量图形工具主要包括"_____工具"、"_____工具"、"_____工具"、"_____工具"、"_____工具"和"_____工具"。

2. 选择题

(1) 下列关于"变换选区"命令的描述,_____是正确的。

A. "变换选区"命令可对选择范围进行缩放和变形

B. "变换选区"命令可对选择范围及选择范围内的像素进行缩放和变形

C. 选择"变换选区"命令后,按住 Ctrl 键,可将选择范围的形状改变为不规则形状

D. "变换选区"命令可对选择范围进行旋转

(2) Photoshop CS3 中,下列_____途径可以创建选区。

A. 利用工具箱上的基本选区工具,如"矩形选框工具"、"椭圆选框工具"、"单行选框工具"、"单列选框工具"、"套索工具"、"多边形套索工具"、"磁性套索工具"以及"魔棒工具"等

B. 利用"路径"面板

C. 按住 Ctrl 键,单击"图层"面板中的缩略图

D. 利用"选择"菜单中的"色彩范围"命令

(3) 下面是使用"椭圆选框工具"创建选区时常用到的功能,请问_____是正确的。

A. 按住 Alt 键的同时拖曳鼠标可得到正圆形的选区

B. 按住 Shift 键的同时拖曳鼠标可得到正圆形的选区

C. 按住 Alt 键可形成以鼠标的落点为中心的椭圆形选区

D. 按住 Shift 键使选择区域以鼠标的落点为中心向四周扩散

(4) 如果要等比例缩放选区,需要按住_____快捷键。

A. Ctrl   B. Shift   C. Alt   D. Tab

(5) 使用"钢笔工具"创建曲线转折点的方法是_____。

A. 用"钢笔工具"直接单击

B. 用"钢笔工具"单击并按住鼠标左键拖动

C. 用"钢笔工具"单击并按住鼠标左键拖动使之出现两个把手,然后按住 Alt 键改变其中一个把手的方向

D. 按住 Alt 键的同时用"钢笔工具"单击

(6) 下列_____方法可以创建新图层。

A. 双击"图层"面板的空白处

B. 单击"图层"面板下方的"创建新图层"按钮

C. 使用鼠标将当前图像拖动到另一张图像上

D. 使用"文字工具"在图像中添加文字

(7) 如果要从中心点缩放选区,需要按住_____快捷键。

A. Ctrl   B. Shift   C. Alt   D. Tab

(8) 如果要改变选区对角线上的两个点,需要按住_____快捷键。

A. Ctrl + Delete   B. Shift

C. Alt + Ctrl   D. Tab

(9) 如果要使控制点沿着原选区的一个边移动,需要按住_____快捷键。

A. Ctrl   B. Shift + Ctrl

C. Alt + Shift   D. Tab

(10) 对选区进行镜像变形,需要按住_____快捷键。

A. Shift +Ctrl + Alt   B. Ctrl + Shift

C. Alt + Shift   D. Tab

3. 实践题

根据本次所学技能设计一个公益类标志。

3.3 花纹图案设计制作

Photoshop CS3 工具栏中的"矩形工具"组中隐藏着一个"自定形状工具",它为用户提供了大量的形状图形,在这些图形的基础上稍加变化,就可以设计制作出精致的图案。

3.3.1 任务一 背景图案设计制作

1. 任务介绍与案例效果

本次任务基于"自定形状工具",设计制作一个图案,并将其当作背景图案填充画布。最终的设计效果如图 3-3-1 所示。

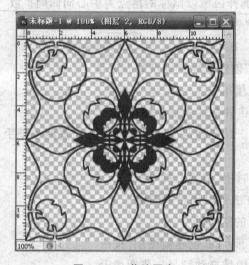

图 3-3-1 花纹图案

2. 案例制作方法与步骤

(1)新建一个图像文件,文件的相关参数设置如图 3-3-2 所示。

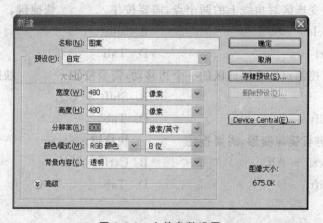

图 3-3-2 文件参数设置

(2) 选择"自定形状工具",在属性栏中单击"路径"按钮,再单击属性栏上"自定形状工具"右边的"几何选项"下拉按钮,在弹出的"自定形状选项"下拉列表中,选择"定义的比例"选项。在"形状"下拉列表中选择形状样式"花形纹章",然后拖曳鼠标绘制该形状的路径,如图 3-3-3 所示。

(3) 用"路径选择工具"单击选中该工作路径,按住 Alt 键复制路径,按 Ctrl+T 键后,执行"编辑"→"变换路径"→"垂直翻转"命令,按 Enter 键确定变形。

(4) 按 Shift 键,分别在两个图形路径上单击,将两个路径都选中,单击属性栏上的"水平居中对齐"按钮,使两个图形路径在同一条垂直线上,利用上、下方向键调整新路径,使两个图形路径接触一点,效果如图 3-3-4 所示。

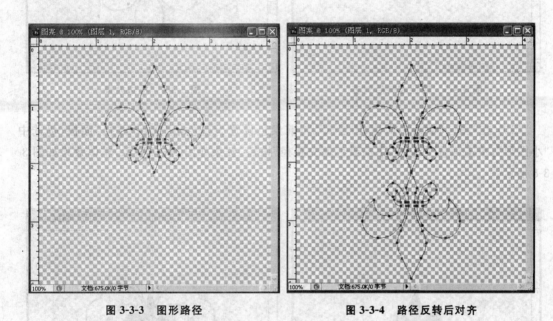

图 3-3-3　图形路径　　　　　　　　图 3-3-4　路径反转后对齐

(5) 选择"路径选择工具",拖曳鼠标框选住两个图形路径,单击属性栏上的"组合"按钮,将两个路径组合起来。

(6) 按住 Alt 键复制组合路径,并按 Ctrl+T 键,执行"编辑"→"变换路径"→"旋转 90 度"命令,按 Enter 键确定变形。用"路径选择工具"选中这两条路径,单击属性栏上的"水平居中对齐"按钮和"垂直居中对齐"按钮,如图 3-3-5 所示。

(7) 在"图层"面板中新建"图层 2",切换到"路径"面板,单击"将路径作为选区载入",执行"编辑"→"描边"命令,在"描边"对话框中设置描边宽度为 3 像素,颜色为"蓝色",位置为"居中",效果如图 3-3-6 所示。

(8) 在"路径"面板中将工作路径改名为"大图形",鼠标拖曳该路径缩略图到"路径"面板下方的"创建新路径"按钮,复制生成"大图形副本"路径,将其名称改为"小图形"。

(9) 用"路径选择工具"框选中"小图形"的所有路径,按 Ctrl+T 键,按住 Alt+Shift 键的同时,拖曳鼠标缩小路径,按 Enter 键确定变形。

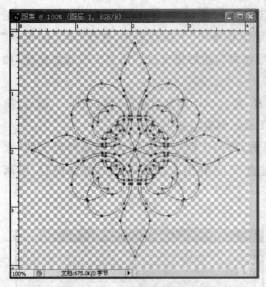

图 3-3-5　路径旋转后对齐

图 3-3-6　描边效果

(10) 在"图层"面板中新建"图层 3",将前景色设置为蓝色,切换到"路径"面板,仍选中"小图形",单击面板下方的"用前景色填充路径"按钮,效果如图 3-3-7 所示,整体效果如图 3-3-8 所示。

图 3-3-7　小图形填充效果

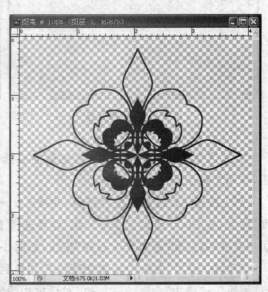

图 3-3-8　整体效果

(11) 在"图层"面板上按住 Ctrl 键,单击"图层 2",选中大图形的描边所在图层,按 Ctrl+C 键,选择"文件"→"新建"命令,新建一个文件"图案 1",按 Ctrl+V 键两次,将大图形的描边粘贴到新文件的两个图层中,用同样的方法将"图层 3"中的小图形填充复制、粘贴到新文件中的一个图层。

（12）在"图案 1"文件的"图层"面板中选择一个"大图形"图层，执行"滤镜"→"其他"→"位移"命令，在"位移"对话框中设置"水平右移"和"垂直下移"距离为图像大小的一半，效果如图 3-3-1 所示。

（13）选择"编辑"→"定义图案"命令，给图案起一个名称，新建一个 20 cm×20 cm 的文件"填充效果"，新建一个图层，执行"编辑"→"填充"命令，选择刚创建的图案，将背景图层填充黑颜色，效果如图 3-3-9 所示。

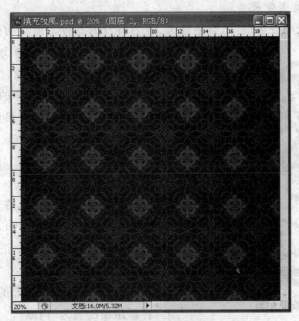

图 3-3-9　利用图案填充效果

（14）制作完毕，按 Ctrl+S 键，将文件存储。

3. 任务知识点解析

（1）复制对象

① 选择"移动工具"，按住 Alt 键的同时鼠标拖曳一个对象，当鼠标松开时，会复制该对象的一个副本，并且放置在一个新的图层中。

② 如果要复制一个图层，可以用鼠标拖曳该图层到"图层"面板下方的"创建新图层"按钮，会生成该图层的一个图层副本。

③ 将对象从一个文件拖曳到另一个文件，可以实现对象在文件之间的复制，结果会在新文件中创建一个图层来放置该对象。

（2）给选区填充颜色

当选择一个选区时，可以利用 Alt+Delete 键为其填充当前前景色，使用 Ctrl+Delete 键为其填充当前背景色。

（3）自由变换

① 选择一个图层或选区时，可以使用"编辑"→"自由变换"命令，使对象进行旋转、缩放、斜切、扭曲和透视等变换。

② 也可以使用 Ctrl＋T 快捷键来实现自由变换。

③ 自由变换设置好后如果要保留结果,可以单击属性栏上"进行变换"按钮,或者按 Enter键来确认变形效果,否则单击属性栏上"取消变换"按钮,或者按 Esc 键撤销变形操作。

3.3.2　任务二　窗花剪纸图案设计制作

1．任务介绍与案例效果

窗花是民间剪纸中分布最广、数量最大、最为普及的品种。窗花的剪刻多是单色,常用大红纸,应用地区较广,很多地方在春节期间都要贴窗花,以此达到装点环境、渲染气氛的目的,并寄托着辞旧迎新、接福纳祥的愿望。本次任务为设计窗花图案,最终设计效果如图 3-3-10 所示。

图 3-3-10　窗花图案

2．案例制作方法与步骤

(1) 首先创建一个新的图像文件,文件的相关参数设置如图 3-3-11 所示。

(2) 选择"椭圆工具",在属性中按下"路径"按钮,利用快捷键 Shift＋Alt,结合参考线使该路径位于画布中心,绘制一个正圆路径。在"路径"面板中将该工作路径改名为"外圈",用鼠标拖曳该路径的缩略图到面板底部的"创建新路径"按钮上,将新路径改名为"内圈"。

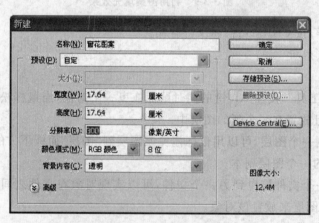

图 3-3-11　文件参数设置

(3) 新建两个图层,在"路径"面板中分别选中"外圈"和"内圈"两个路径,单击面板下方的"将路径作为选区载入"按钮。执行"编辑"→"描边"命令,在"描边"对话框中设置颜色为红色(R＝255、G＝0、B＝0),外圈的描边宽度为 40 像素,内圈的描边宽度为 30 像素,将两个描边效果分别放置两个图层中,效果如图 3-3-12 所示。

（4）选择"自定形状工具"，绘制一个兔子形状的路径。在"路径"面板中将路径改名为"兔子"，将前景色设置为红色（R＝255、G＝0、B＝0）。在"图层"面板中新建一个图层，单击"路径"面板下方的"用前景色填充路径"按钮，效果如图 3-3-13 所示。

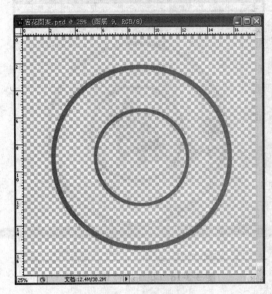

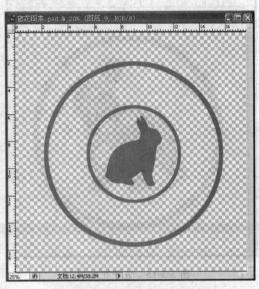

图 3-3-12　内外圈描边　　　　　　　　　图 3-3-13　兔子填充

（5）用"钢笔工具"和"直接选择工具"绘制兔子眼睛的封闭工作路径，重命名为"眼睛"，在一个新图层上为其填充白色。再用"椭圆工具"绘制一个正圆路径，重命名为"眼珠"，在新图层上填充红色，效果如图 3-3-14 所示。

（6）选择"自定形状工具"，绘制一个花瓣形状的路径，在"路径"面板中将路径改名为"兔花 1"。用鼠标拖曳该路径的缩略图到面板底部的"创建新路径"按钮上，将新路径改名为"兔花 2"，将"兔花 2"等比例缩小一些。

图 3-3-14　兔子眼睛效果

（7）新建两个图层，将前景色设置为白色。在"路径"面板中分别选择"兔花 1"和"兔花 2"，单击面板下方的"用前景色填充路径"按钮，将两个路径分别填充在两个新图层中。选择"移动工具"，按住 Alt 键，复制两种花朵各两次，并放在合适的位置，如图 3-3-15 所示。

（8）选择"自定形状工具"，绘制一个花形状的路径，在"路径"面板中将路径改名为"花

1"。新建一个图层,将前景色设置为红色,单击面板下方的"用前景色填充路径"按钮,效果如图 3-3-16 所示。

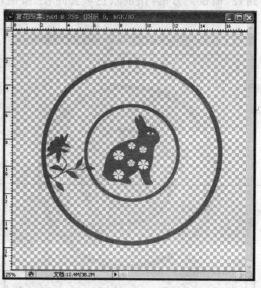

图 3-3-15　兔子花效果　　　　　　　　图 3-3-16　花 1 路径填充效果

(9) 选择"自定形状工具",绘制路径"花 2"~"花 6"。分别创建不同的图层,将这些路径的填充放置在不同的图层上,以方便位置和大小的修改,效果如图 3-3-17 所示。

图 3-3-17　花 1~花 6 路径填充效果

(10) 用"钢笔工具"、"直接选择工具"和"转换点工具"绘制一朵莲花的封闭工作路径,如图 3-3-18 所示,重命名为"莲花 1"。新建一个图层,单击"路径"面板下方的"用前景色填充路径"按钮,给路径填充红色,效果如图 3-3-19 所示。

图 3-3-18　莲花 1 路径　　　　　　　　　　图 3-3-19　莲花 1 填充效果

（11）用"钢笔工具"、"直接选择工具"和"转换点工具"绘制一朵含苞待放的莲花的封闭工作路径,如图 3-3-20 所示,重命名为"莲花 2"。新建一个图层,单击"路径"面板下方的"用前景色填充路径"按钮,给路径填充红色,效果如图 3-3-21 所示。

图 3-3-20　莲花 2 路径　　　　　　　　　　图 3-3-21　莲花 2 填充效果

（12）运用同样的方法绘制"莲花 3"路径,如图 3-3-22,新建图层后填充红色,效果如图 3-3-23 所示。

图 3-3-22　莲花 3 路径　　　　　　　　　图 3-3-23　莲花 3 填充效果

（13）在"图层"面板中选择"莲花 1"路径填充的图层，按住 Alt 键，使用"移动工具"拖动鼠标，缩小后调整位置，效果如图 3-3-24 所示。

图 3-3-24　莲花 1 复制后效果

（14）选择"自定形状工具"，绘制一个花边形状的路径，在"路径"面板中将路径改名为"外花边"。新建一个图层，将前景色设置为红色，用宽度为 40 像素的红色给路径描边，效果如图 3-3-10 所示。

（15）制作完毕，按 Ctrl＋S 键，将文件存储为"窗花图案.psd"。

3. 任务知识点解析

（1）自定形状工具

使用"自定形状工具"可以绘制 Photoshop 软件预设的图形或者用户自己定义的图形。

"自定形状工具"的属性栏与"钢笔工具"的属性栏非常相似，在左边有 3 个图标按钮，代表 3 种不同的绘图方式，可以产生 3 种不同的结果。

① 形状图层：可以产生一个独特的新图层。

② 路径：即绘制具有形状外形的路径。

③ 填充像素：在当前图层中创建所选形状式样的图像，填充前景色。

在属性栏中单击"形状"选项旁边的三角形按钮，弹出形状列表，单击列表右侧的三角按钮，可以载入更多的形状样式。

单击"自定形状工具"旁的三角形按钮，弹出"自定形状选项"。

① 不受约束：可以随意拖曳鼠标绘制形状。

② 定义的比例：按照自定义形状本来的比例绘制形状。

③ 定义的大小：在图像中单击鼠标，按自定义形状本身的大小绘制形状。

（2）路径

在图像中创建的路径以"工作路径"为名保存在"路径"面板中，而"工作路径"是临时的，如果此路径没有被选中，再次创建新路径时，该路径将被自动删除。

在"路径"面板中有 3 种方法保存路径：

① 双击"工作路径"名称，在"存储路径"对话框中输入名称后单击"确定"按钮。

② 在"路径"面板菜单中选择"存储路径"命令，在"存储路径"对话框中输入名称后单击"确定"按钮。

③ 将"工作路径"名称直接拖到"路径"面板底部的"创建新路径"按钮上。

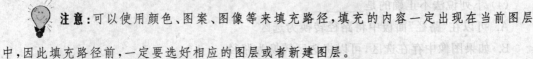

注意：可以使用颜色、图案、图像等来填充路径，填充的内容一定出现在当前图层中，因此填充路径前，一定要选好相应的图层或者新建图层。

3.3.3 思考与练习

1. 填空题

（1）选择路径上的一个锚点，需要使用"＿＿＿＿＿＿＿工具"单击鼠标，如果要同时选择多个锚点，则通过按住＿＿＿＿＿＿键来实现。

（2）可以用"＿＿＿＿＿＿＿工具"，将光标移动到路径上直接拖移来移动路径。

（3）选择"路径选择工具"，按住＿＿＿＿＿＿键拖移路径，即可在移动路径的同时复制路径。

（4）在"路径选择工具"的属性栏上选中"＿＿＿＿＿＿＿"选项，可以对路径进行变形操作，或者选择"编辑"菜单下的"＿＿＿＿＿＿＿"命令或者"＿＿＿＿＿＿＿"命令，还可以使用快捷键＿＿＿＿＿＿。

（5）在"路径"面板中单击＿＿＿＿＿＿＿，可将该路径设置为当前操作路径，并显示在图像窗口,若要取消路径显示,在"路径"面板的_____区域单击即可。

2. 选择题

(1) 下面_____操作可以把"钢笔工具"画好的形状添加到"自定义形状"库里。

A. 用"路径选择工具"单击鼠标右键,执行"定义自定形状"命令

B. 当页面上有多个路径的时候,如果只想定义一个路径的形状到库里,只要选中它再单击鼠标右键并执行"定义自定形状"命令

C. 执行"编辑"→"定义自定形状"命令,不管是否选中页面中的路径,都可以把整个页面里的路径添加到"自定义形状"库里

D. 执行"编辑"→"定义图案"命令,不管是否选中页面中的路径,都可以把整个页面里的路径添加到"自定义形状"库里

(2) 在使用"自定形状工具"时,如果采用 Photoshop 的默认选项,以下说法正确的是_____。

A. "自定形状工具"画出的对象会以一个新图层的形式出现

B. "自定形状工具"画出的对象是矢量的

C. 可以用"钢笔工具"对"自定形状工具"画出对象的形状进行修改

D. 会在当前图层绘制一个填充为前景色的形状

(3) 关于移动或调整路径的一部分,以下说法正确的是_____。

A. 使用"直接选择工具"选择要调整的路径段,确保选中定位的两个锚点,将锚点拖移到新位置

B. 使用"路径选择工具"来选择路径中的锚点,然后利用方向键来移动

C. 选择"直接选择工具",用鼠标直接拖移要移动的曲线路径

D. 选择一个锚点,并将其拖移到新位置

(4) 下列说法不正确的是_____。

A. 可以在"路径"面板中将路径转换为选区

B. 如果图像中存在选区,可以将选区转换为路径

C. 在"路径"面板中按住 Shift 键可以选中多个路径

D. 在"路径"面板中单击下面的空白区域可以取消选择路径

(5) 单击"路径"面板中的"用前景色填充路径"按钮时,按住_____键可以弹出"填充路径"对话框。

A. Shift　　　　　B. Ctrl　　　　　C. Alt　　　　　　D. Ctrl + Shift

(6) 单击"路径"面板中的"用画笔描边路径"按钮时,按住_____键可以弹出"描边路径"对话框。

A. Shift　　　　　B. Ctrl　　　　　C. Alt　　　　　　D. Ctrl + Shift

(7) 定义形状时通过"编辑"菜单中的"定义自定形状"命令,可以将"路径"面板中_____定义为形状。

A. 选定的路径　　　　　　　　　　B. 所有路径

C. 第一个路径　　　　　　　　　　D. 最后一个路径

3. 实践题

根据本次所学知识设计图案,完成以下两个任务:

(1) 设计一个简单的图案,并用它作为背景图案填充一个大尺寸画布。

(2) 设计制作一个剪纸图案。

第 4 章　Photoshop CS3 应用——视觉广告设计

4.1　产品广告图设计制作

有人形象地说："我们呼吸的空气是由氧气、氮气和广告组成的。"的确，无论我们走到哪里，无论把眼光投向哪里，都无法躲避广告，各种各样的广告充斥了我们的生活空间。产品广告就是其中之一，它以展示产品、打造品牌、开拓市场、树立企业形象为主要目的；以奇特的画面、奇妙的构思以及让人过目难忘的广告语为主要表现手段，把产品呈现在消费者面前。

因此，产品广告图在设计制作过程中应当注重图文合一、传达主旨。每一个好的广告都是一幅精美的海报，读者无需细读内容，就能一眼抓住广告的主题。

本节将制作一幅关于笔记本电脑的产品广告图片。此产品广告图片使用了清新的自然环境为背景，给人以回归自然的感觉，同时也暗含产品所具有的环保性，其总体效果如图 4-1-1 所示。

图 4-1-1　笔记本电脑产品广告

4.1.1　任务一　背景图设计制作

1. 任务介绍与案例效果

本次任务先来绘制笔记本电脑产品广告图片中的背景图，即广告图片的主要场景，效果如图 4-1-2 所示。

图 4-1-2　更改图层叠放顺序

2. 案例制作方法与步骤

（1）新建一个图像文件，文件的相关参数设置如图 4-1-3 所示。

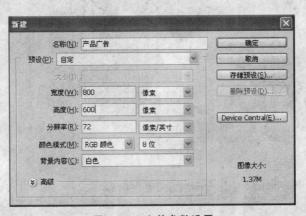

图 4-1-3　文件参数设置

（2）将素材文件"4-1-1 背景.psd"打开，使用"移动工具"把有绿地天空的图层拖动到"产品广告.psd"文件中，"图层"面板中将自动添加新图层，为新图层更名为"绿地天空"。使用 Ctrl＋T 快捷键调整大小与位置，效果如图 4-1-4 所示。

（3）将素材文件"4-1-2 笔记本电脑.psd"打开，用"移动工具"把有笔记本电脑的图层拖到"产品广告.psd"文件中，"图层"面板中将自动添加新图层，为新图层更名为"笔记本电脑"。使用 Ctrl＋T 快捷键调整大小与位置，效果如图 4-1-5 所示。

图 4-1-4　添加"绿地天空"图层

图 4-1-5　添加"笔记本电脑"图层

（4）将素材文件"4-1-3电脑屏幕.psd"打开，使用"移动工具"把有风景的图层拖动到"产品广告.psd"文件中，"图层"面板中将自动添加新图层，为新图层更名为"电脑屏幕"。使用Ctrl＋T快捷键调整大小与位置，长和宽都缩小到原来的30％，放置在笔记本电脑的屏幕位置，效果如图4-1-6所示。

（5）使用"编辑"→"变换"→"扭曲"命令，来调整"电脑屏幕"图层中4个顶点的控制点，使"电脑屏幕"图层的形状和大小与"笔记本电脑"图层中笔记本屏幕的形状与大小相匹配，效果如图4-1-7所示。

图 4-1-6　添加"电脑屏幕"图层　　　　　　　图 4-1-7　调整"电脑屏幕"图层

（6）将素材文件"4-1-4房子.psd"打开，使用"移动工具"把有房子和树木的图层拖动到"产品广告.psd"文件中，"图层"面板中将自动添加新图层，为新图层更名为"房子与树木"。使用Ctrl＋T快捷键调整大小与位置，长和宽都放大到原来的110％，放置在笔记本电脑的左上方，效果如图4-1-8所示。

（7）"房子与树木"图层中的树木遮挡住了笔记本电脑的左上角。为了解决这个问题，可以在"图层"面板中拖动"房子与树木"图层，使其位于"笔记本电脑"图层的下一层，即更改图层叠放顺序，效果如图4-1-2所示。

（8）任务完成后，单击"保存"按钮，保存文件为"产品广告.psd"。

3. 任务知识点解析

经常使用Photoshop，掌握一些快速复制技巧会方便很多，下面列举了一些使用技巧：

（1）按住Ctrl＋Alt键拖动鼠标，可以复制当前图层或选区内容。

（2）如果最近复制了一张图片存在剪贴板里，Photoshop在新建文件（Ctrl＋N）的时候会以剪贴板中图片的尺寸作为新建图片的默认大小。要略过这个特性而使用上一次的设置，在新建文件的时候按住Alt键（Ctrl＋Alt＋N）。

（3）如果创作一幅新作品，需要与一幅已打开的图片有一样的尺寸、解析度、格式，可选取"文件"→"新建"命令，单击"预设"栏的向下箭头，在弹出的菜单中单击已打开的图片名称即可。

图 4-1-8　添加"房子与树木"图层

（4）在使用"自由变换"命令（Ctrl＋T）时，按住 Alt 键（Ctrl＋Alt＋T），即可先复制原图层（当前的选区）后在复制图层上进行变换；按 Ctrl＋Shift＋T 键为再次执行上次的变换，按 Ctrl＋Alt＋Shift＋T 键为复制原图后再执行变换。

（5）使用"通过拷贝的图层"（Ctrl＋J）或"通过剪切的图层"（Shift＋Ctrl＋J）命令可以一步完成拷贝到粘贴或剪切到粘贴的工作。通过复制（剪切）新建图层命令粘贴时，仍会放在它们原来的地方，然而通过拷贝（剪切）再粘贴，就会贴到图片（或选区）的中心。

（6）若要直接复制图像而不希望出现命名对话框，可先按住 Alt 键，再执行"图像"→"复制"命令。

（7）在 Photoshop 内实现有规律复制。

在做版面设计的时候，经常会把某些元素有规律地摆放，以寻求一种形式的美感，在 Photoshop 内通过几个快捷键的组合就可以轻易完成：

① 选出要复制的物体。

② 按 Ctrl＋J 键产生一个图层。

③ 旋转并移动到适当位置后确认。

④ 可以按住 Ctrl＋Alt＋Shift 键后连续按 T 键就可以有规律地复制出连续的物体（只按住 Ctrl＋Shift 键只是有规律移动）。

（8）当要复制文件中的选择对象时，要使用"编辑"菜单中的相关命令。复制一次也许觉不出麻烦，但要多次复制，一次一次单击就相当不便了。这时可以先用"选框工具"选定对象,而后单击"移动工具",再按住 Alt 键不放。当光标变成一黑一白重叠在一起的两个箭头时,拖动鼠标到所需位置即可。若要多次复制,只要重复地拖动鼠标就行了。

(9) 可以用"选框工具"或"套索工具",把选区从一个文档拖到另一个文档上。

(10) 要为当前历史状态或快照建立一个复制文档,可以按如下操作:

① 在"历史记录"面板中单击"从当前状态创建新文档"按钮。

② 从"历史记录"面板菜单中选择"新建文档"。

③ 拖动当前状态(或快照)到"从当前状态创建新文档"按钮上。

④ 右键单击所要的状态(或快照),从弹出菜单中选择"新建文档"。

(11) 把历史状态中当前图片的某一历史状态拖到另一个图片的窗口可改变目的图片的内容。按住 Alt 键单击任一历史状态(除了当前的、最近的状态)可以复制它,而后被复制的状态就变为当前的(最近的)状态。按住 Alt 键拖动"动作"面板中的步骤可以把它复制到另一个"动作"中。

4.1.2 任务二 添加文字与装饰效果

1. 任务介绍与案例效果

前面已经完成了产品广告的主要场景界面的制作,本次任务将要在此基础之上对产品广告进行进一步的装饰与加工,其内容主要包括添加装饰图层、添加文字效果等,其效果如图 4-1-9 所示。

图 4-1-9 添加装饰图层与文字效果

2. 案例制作方法与步骤

（1）成功的产品广告不仅要有产品的图片，而且还应当添加必要的修饰。现在，就来为笔记本产品广告添加修饰图层。首先，打开素材文件中的"4-1-5 茶花.psd"文件，使用"移动工具"把有茶花的图层拖动到"产品广告.psd"文件中，"图层"面板中将自动添加新图层，为新图层更名为"茶花"。使用 Ctrl＋T 快捷键调整大小与位置，放置在整幅产品广告的左下角，效果如图 4-1-10 所示。

图 4-1-10　添加"茶花"图层

（2）然后再打开素材文件中的"4-1-6 郁金香.psd"文件，使用"移动工具"把有郁金香花的图层拖动到"产品广告.psd"文件中，"图层"面板中将自动添加新图层，为新图层更名为"郁金香"。使用 Ctrl＋T 快捷键调整大小与位置，放置在整幅产品广告的右下角，效果如图 4-1-11 所示。

（3）产品广告中广告语是非常重要的，下面为这幅产品广告图添加广告语。选择"横排文字工具"，分别创建两个文字图层，文字的内容分别为："MSI 微星电脑"和"享受数字生活"。其中"MSI"3 个字符的参数设置如图 4-1-12 所示；"微星电脑"的参数设置如图 4-1-13 所示；"享受数字生活"的参数设置如图 4-1-14 所示。

 注意：输入什么样的广告语，设置什么样的字体等问题，可以由读者自己选择，此处内容与参数设置仅供参考。

图 4-1-11 添加"郁金香"图层

图 4-1-12 "MSI"参数设置　　**图 4-1-13 "微星电脑"参数设置**　　**图 4-1-14 "享受数字生活"参数设置**

（4）选中"MSI 微星电脑"文字图层，使用"图层"面板下方的"添加图层样式"按钮 *fx.*，为该文字图层添加"外发光"、"斜面和浮雕"和"等高线"效果，参数设置除了"外发光"中的"大小"参数设置为"10"以外，其余均使用默认参数设置即可。

（5）选中"享受数字生活"文字图层，使用"图层"面板下方的"添加图层样式"按钮 *fx.*，为该文字图层添加"外发光"、"斜面和浮雕"和"等高线"效果，参数设置除了"外发光"中的"大小"参数设置为"35"以外，其余均使用默认参数设置即可。

（6）用"移动工具"调整文字图层位置，达到满意的视觉效果，如图 4-1-15 所示。

（7）任务完成后，单击"保存"按钮，保存文件为"产品广告.psd"。

图 4-1-15　添加文字效果

3. 任务知识点解析

Photoshop 中"自由变换"命令的使用技巧如下所述：

Photoshop"编辑"菜单中的"自由变换"命令功能强大，"变换"命令还包含缩放、旋转等多个子命令，熟练掌握它们的用法能为图像的变形操作带来极大的方便。

当图像处于"自由变换"的状态时，仅仅拖动鼠标就可以改变图像形状：

① 鼠标左键拖动变形框四角任一角点时，图像的长宽均可变，也可翻转图像。

② 鼠标左键拖动变形框四边任一中间点时，图像可等高或等宽变换。

③ 鼠标左键在变形框外弧形拖动时，图像可自由旋转任意角度。

要完全掌握"自由变换"，还必须了解与其组合使用的 Ctrl、Shift、Alt 三个键。这三个键的配合可以快速地实现"变化"命令下各子命令之间的转换，更加方便图像的变形操作：

（1）按下 Ctrl 键加鼠标左键

① 拖动变形框四角任一角点时，图像可在其他三点不动的情况下自由扭曲。

② 拖动变形框四边任一中间点时，图像可在对边不动的情况下自由变换。

（2）按下 Shift 键加鼠标左键

① 拖动变形框四角任一角点时，对角点位置不变，图像等比例放大或缩小，也可翻转图形。

② 鼠标左键在变形框外弧形拖动时，图像可作 15°增量旋转，可作 90°、180°顺逆旋转。

（3）按下 Alt 键加鼠标左键

① 拖动变形框四角任一角点时,图像中心位置不变,放大或缩小,也可翻转图形。

② 拖动变形框四边任一中间点时,图像中心位置不变,等高或等宽变换。

(4) 按下 Ctrl+Shift 键加鼠标左键

① 拖动变形框四角任一角点时,图像在其他三点不动的情况下变换,但角点只可在坐标轴方向上移动。

② 拖动变形框四边任一中间点时,图像在对边不动的情况下变换,但中间点只可在坐标轴方向上移动。

(5) 按下 Ctrl+Alt 键加鼠标左键

① 拖动变形框四角任一角点时,图像在相邻两角位置不变的情况下变换。

② 拖动变形框四边任一中间点时,图像在相邻两边中间点位置不变的情况下变换。

(6) 按下 Shift+Alt 键加鼠标左键

① 拖动变形框四角任一角点时,图像中心位置不变,等比例放大或缩小。

② 拖动变形框四边任一中间点时,图像中心位置不变,等高或等宽变换(作用同按 Alt 键时的第②点)

(7) 按下 Ctrl+Shift+Alt 键加鼠标左键

① 拖动变形框四角任一角点时,图像在对角点不动的情况下变换,但角点只可在坐标轴方向上移动。

② 拖动变形框四边任一中间点时,图像中心位置不变,等高或等宽变换,但中间点只可在坐标轴方向上移动。

4.1.3 思考与练习

1. 填空题

(1) 在 Photoshop 中,取消当前选区的快捷组合键是_____,对当前选区进行羽化操作的快捷组合键是_____。

(2) 在 Photoshop 中,如果希望准确地移动选区,可通过方向键,但每按一次方向键,选区只能移动_____像素。如果希望每按一次方向键选区移动 10 像素,那么在移动选区时需按住_____键。

(3) 在"色板"面板中,如果希望删除某种颜色,可按住_____键同时在该颜色块上方单击鼠标左键。

(4) 在 Photoshop 中绘制多边形矢量对象时,多边形的边数应该是_____至_____之间的整数。

(5) 在 Photoshop 中,拼合图层的命令主要有"_____","_____"和"拼合图像"3个命令。

2. 选择题

(1) 以下选项中,属于路径的选择工具的有_____。

A. "自由钢笔工具"   B. "直接选择工具"

C. "路径选择工具"   D. "圆角矩形工具"

(2) 以下不属于"路径"面板中的按钮的有_____。

A. "用前景色填充路径"   B. "用画笔描边路径"

C. "从选区生成工作路径"   D. "复制当前路径"

(3) 在 Photoshop 中,文本图层可以被转换成_____。

A. 工作路径   B. 快速蒙版

C. 普通图层   D. 形状

(4) 以下选项中属于"字符"面板参数的有_____。

A. "粗体"   B. "下画线"   C. "字体"   D. "斜体"

(5) 下列关于饱和度的描述中正确的有_____。

A. 饱和度是指图像颜色的强度与纯度

B. 饱和度表示纯色灰成分的相对比例数量

C. 饱和度的取值范围是 0%～100%

D. 饱和度的取值范围是 0～255

(6) 以下选项中属于图层的混合模式的有_____。

A. "正常"   B. "强光"   C. "溶解"   D. "叠加"

(7) 以下选项中属于"图层"→"修边"子命令的有_____。

A. "去边"   B. "去黑边"

C. "移去白色杂边"   D. "去白边"

(8) 下列关于通道的操作中错误的有_____。

A. 通道可以被分离与合并   B. Alpha 通道可以被重命名

C. 通道可以被复制与删除   D. 复合通道可以被重命名

(9) 按住_____键,单击 Alpha 通道可将其对应的选区载入到图像中。

A. Ctrl   B. Shift   C. Alt   D. End

(10) 以下菜单命令中属于"扭曲"命令组的选项有_____。

A. "切变"   B. "置换"   C. "玻璃"   D. "水波"

(11) 对于一幅多通道模式的图像,可以使用的滤镜命令有_____。

A. "模糊"   B. "风格化"   C. "纹理"   D. "像素化"

(12) 以下选项中有关滤镜的说法正确的有_____。

A. 所有滤镜被执行后均打开一个对应的参数设置对话框

B. 文本图层必须栅格化后方可应用滤镜

C. 只有部分色彩模式的图像可以应用滤镜命令

D. 所有色彩模式的图像均可应用滤镜命令

(13) 以下选项中错误的是_____。

A. 形状图层中的对象放大任意倍数后仍不会失真

B. 路径放大一定的倍数后将呈一定程度的失真

C. 路径中路径段的曲率与长度可以被任意修改

D. 理论上,使用"钢笔工具"可以绘制任意形状的路径

(14) 菜单命令"拷贝"与"合并拷贝"的快捷键分别是_____。

A. Ctrl+C 与 Shift+C   B. Ctrl+V 与 Ctrl+Shift+V

C. Ctrl+C 与 Alt+C   D. Ctrl+C 与 Ctrl+Shift+C

(15) 在 Photoshop 中打印图像文件之前,一般需要_____。

A. 对图像文件进行"页面设置"操作   B. 对图像文件进行"裁切"操作

C. 对图像文件进行"打印预览"操作   D. 对图像文件进行"修整"操作

3. 实践题

充分利用网络资源,灵活运用本节所学的知识,寻找素材,设计并制作一幅关于电冰箱的产品广告图,其参考效果如图 4-1-16 所示。

图 4-1-16 冰箱产品广告参考效果图

4.2 招牌横幅设计制作

对于众多的商业经营单位来说,招牌的作用不可小视,它代表的是商家形象,直接影响着顾客对商家的第一印象。

招牌的设计必须做到新颖、醒目、简明,既美观大方,又能引起顾客注意。因为招牌本身就是具有特定意义的广告,所以,从一般意义上讲,招牌要能使顾客或过往行人在较远或多个角度都能清晰地看见。招牌的形式、规格等应力求多样化和与众不同,既要做到引人注目,又要与店面设计融为一体,给人以完美的外观形象。

为了使消费者便于识别,不管招牌是用文字来表达,还是用图案或符号来表示,其设计都要达到"容易看见、容易读、容易记、容易理解和容易联想"的效果。消费者对招牌识别往往是先识别色彩,再识别店标的,色彩对消费者会产生很强的吸引力,因此鲜艳的色彩搭配也是必须考虑的重要方面。

本节将设计并制作一幅"冷饮店招牌"。在整个招牌的制作过程中,使用清爽的绿色作为主色调,配合鲜艳的色彩搭配,在炎炎夏日给人一种清凉爽快的感觉,其最终效果如图 4-2-1 所示。

图 4-2-1　冷饮店招牌

4.2.1　任务一　冷饮店招牌底图设计制作

1. 任务介绍与案例效果

本次任务完成冷饮店招牌底图的设计与制作,效果如图 4-2-2 所示。

图 4-2-2　冷饮店招牌底图

2. 案例制作方法与步骤

(1) 新建一个图像文件,文件的相关参数设置如图 4-2-3 所示。

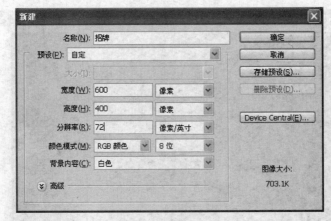

图 4-2-3 文件参数设置

(2) 把前景色设置为深绿色(R＝7、G＝154、B＝11),使用"油漆桶工具"把背景图层填充为设置的前景色,效果如图 4-2-4 所示。

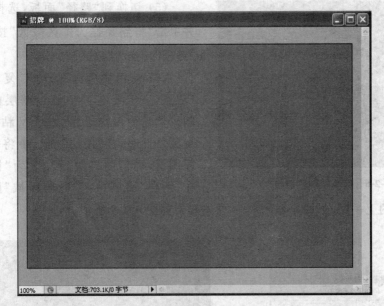

图 4-2-4 填充背景图层

(3) 将素材文件"4-2-1 气泡.psd"打开,使用"移动工具"把有气泡的图层拖动到"招牌.psd"文件中,"图层"面板中将自动添加新图层,为新图层更名为"气泡"。使用 Ctrl＋T 快捷键调整大小与位置,最后更改"气泡"图层的混合模式为"变暗",使其融入背景中,效果如图 4-2-5 所示。

（4）选择"椭圆工具" ，绘制模式为"路径"模式，选择背景图层，在背景图层中绘制一个"椭圆"路径，如图 4-2-6 所示。

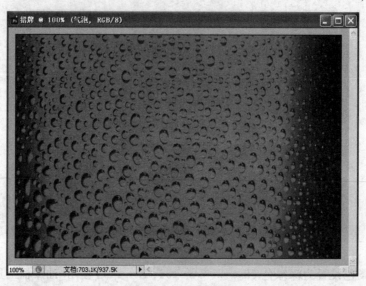

图 4-2-5　添加"气泡"图层后的效果

图 4-2-6　绘制"椭圆"路径

（5）切换到"路径"面板，选择当前路径，并单击"将路径作为选区载入"按钮 ⭕ ，将"路径"转换为"选区"。

（6）使用快捷键 Ctrl＋C 复制当前选区（注意：一定要在选中背景图层的前提下复制），然后使用快捷键 Ctrl＋V 粘贴所复制的选区。此时，在"图层"面板中将会自动添加新图层，把新图层重新命名为"椭圆区域"。在"图层"面板中把"椭圆区域"图层拖动到"气泡"图层的上一层，如图 4-2-7 所示，总体效果如图 4-2-8 所示。

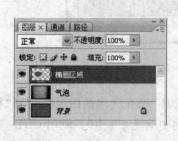

图 4-2-7　图层顺序

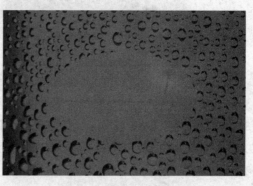

图 4-2-8　添加"椭圆区域"

（7）使用"编辑"菜单中的"自由变换"命令或者按快捷键 Ctrl＋T 调整"椭圆区域"的大小与位置，使其位于整幅图片的中央偏左的位置。

（8）按住 Ctrl 键的同时用鼠标左键单击"椭圆区域"图层，就可以选中该区域。选择"渐变工具"，并进入"渐变编辑器"编辑渐变。设置渐变颜色，左侧为纯白色（R＝255、G＝255、B＝255），右侧为深绿色（R＝7、G＝154、B＝11），左侧颜色的不透明度设置为"50％"，右侧颜色的不透明度设置为"70％"，如图 4-2-9 和图 4-2-10 所示。

图 4-2-9　左侧"纯白色"不透明度设置　　　　图 4-2-10　右侧"深绿色"不透明度设置

（9）"渐变编辑器"设置完毕后按"确定"按钮退出。选择"径向渐变"模式，对"椭圆区域"进行渐变填充操作，填充效果如图 4-2-11 所示。

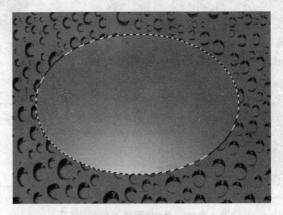

图 4-2-11　渐变填充效果

（10）使用快捷键 Ctrl＋D 取消选区。在"图层"面板中选择"椭圆区域"图层，单击"图层"

面板下方的"添加图层样式"按钮 **fx.**，为该图层添加"外发光"效果，其中参数设置如图 4-2-12 所示。

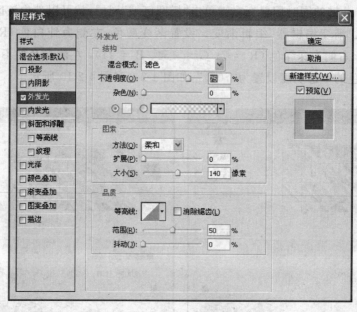

图 4-2-12　"外发光"效果参数设置

　　（11）将素材文件"4-2-2 蛋筒与价格.psd"打开，使用"移动工具"把有蛋筒与价格的图层拖动到"招牌.psd"文件中，"图层"面板中将自动添加新图层，为新图层更名为"蛋筒与价格"。使用 Ctrl＋T 快捷键调整大小与位置，效果如图 4-2-13 所示。

图 4-2-13　添加"蛋筒与价格"图层

　　（12）选择"仿制图章工具" **🖧.**，选择"蛋筒与价格"图层，在图片编辑区域单击鼠标右键,设置图章大小,如图 4-2-14 所示,按 Enter 键确定。

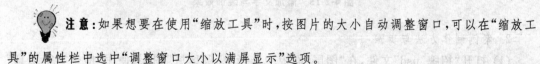

图 4-2-14　设置图章大小

(13) 按 Alt 键的同时用鼠标选择"蛋筒与价格"图层上面有冰块的区域,选定仿制对象,然后放开 Alt 键,在左侧没有冰块的区域进行仿制(可以重复多次选择仿制对象),效果如图 4-2-2 所示。

(14) 任务完成后,保存文件为"招牌.psd"。

3. 任务知识点解析

Photoshop 中工具的使用技巧如下所述:

(1) 要画出直线,首先应在画布上单击,然后移动鼠标到另一点上按住 Shift 键再次单击,Photoshop 就会使用当前的绘图工具在两点间画一条直线。

(2) 任何时候按住 Ctrl 键即可切换为"移动工具",按住 Ctrl+Alt 键拖动鼠标可以复制当前图层或选区内容。

(3) 按住空格键可以在任何时候切换为"抓手工具"。

(4) "缩放工具"的快捷键为 Z,此外 Ctrl+空格键为"放大工具",Alt+空格键为"缩小工具"。

按 Ctrl+"+"键或按 Ctrl+"-"键分别为放大或缩小图像的视图;相对应地,按以上热键的同时按住 Alt 键可以自动调整窗口以满屏显示。

注意:如果想要在使用"缩放工具"时,按图片的大小自动调整窗口,可以在"缩放工具"的属性栏中选中"调整窗口大小以满屏显示"选项。

(5) 用"吸管工具"选取颜色的时候按住 Alt 键即可定义当前背景色。结合"颜色取样器工具"和"信息"面板,可以监视当前图片的颜色变化。通过"信息"面板上的弹出菜单可以定义取样点的色彩模式。要增加新取样点只需在画布上随便什么地方再单击一下(用"颜色取样器工具"），按住 Alt 键击可以删除取样点。

　注意：一张画布上最多只能设置 4 个颜色取样点。当 Photoshop 中有对话框（例如使用"色阶"命令、"曲线"命令等）弹出时，要增加新的取样点必须按住 Shift 键再单击，按住 Alt＋Shift 键单击一个取样点可以删除它。

（6）"标尺工具"在测量距离上十分便利（特别是在斜线上），同样可以用它来测量角度（就像一只量角器）。使用"标尺工具"时首先要保证"信息"面板可视（按 F8 键），选择"标尺工具"单击并拖出一条直线，按住 Alt 键从第一条线的节点上再拖出第二条直线，这样两条线间的夹角和线的长度都显示在"信息"面板上。

注意：用"标尺工具"拖动可以移动测量线（也可以只单独移动测量线的一个节点），把测量线拖到画布以外就可以把它删除。

4.2.2　任务二　主题文字与装饰制作

1. 任务介绍与案例效果

前面已经完成了招牌的主要背景界面的制作，本次任务将要在此基础之上对招牌进行进一步装饰与加工，主要包括添加文字效果、添加装饰图层等，其效果如图 4-2-15 所示。

图 4-2-15　添加文字与装饰效果

2. 案例制作方法与步骤

（1）打开"招牌.psd"文件，在"图层"面板中选择"椭圆区域"图层，使用"横排文字工具"创建两个文字图层，输入内容分别为："Kar Cool"与"咖酷"。"Kar Cool"的参数设置：字体"Vineta BT"，水平缩放"120％"，垂直缩放"150％"，粗体，纯黄色（R = 255、G = 255、B = 0）；"咖酷"的参数设置：字体"方正舒体"，水平缩放"130％"，垂直缩放"150％"，粗体，纯黄色

（R＝255、G＝255、B＝0）；如图 4-2-16 与图 4-2-17 所示。

图 4-2-16 "Kar Cool"参数设置

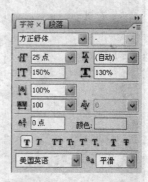

图 4-2-17 "咖酷"参数设置

（2）使用"移动工具"和"自由变换"命令调整文字的位置与角度，使之达到令人满意的视觉效果，如图 4-2-18 所示。

图 4-2-18 添加文字效果

（3）为整个招牌添加装饰图层。将素材文件"4-2-3 草莓.psd"、"4-2-4 西瓜.psd"、"4-2-5橘子.psd"、"4-2-6 蛋糕.psd"打开，使用"移动工具"把各文件中有图片的图层拖动到"招牌.psd"文件中，"图层"面板中将自动添加 4 个新图层，分别为新图层更名为"草莓"、"西瓜"、"橘子"和"蛋糕"。使用 Ctrl＋T 快捷键调整大小与位置（注意：素材中的图片都比较大，所以当把它们移动到"招牌.psd"文件中后，都要调整大小，通常要缩小到原来的 5%～20%），其中"草莓"图层可以使用"编辑"→"变换"→"水平翻转"命令进行水平翻转变换。另外，还可以在"图层"面板中调整各图层的叠放次序，来达到满意的效果，如图 4-2-19 所示。

（4）将素材文件"4-2-7 蛋筒.psd"、"4-2-8 巧克力蛋筒.psd"打开，使用"移动工具"把各文件中有图片的图层拖动到"招牌.psd"文件中，"图层"面板中将自动添加两个新图层，分别

图 4-2-19　添加水果、蛋糕装饰效果

为新图层更名为"蛋筒"和"巧克力蛋筒"。使用 Ctrl＋T 快捷键调整大小与位置,最终效果如图 4-2-1 所示。

(5) 任务完成后,保存文件为"招牌.psd"。

3. 任务知识点解析

Photoshop 中"仿制图章工具"的使用技巧如下所述:

"仿制图章工具"是一个很实用的工具,也是一个很神奇的工具,它能够按涂抹的范围复制全部或者部分到一个新的图像中。选取"仿制图章工具",然后把鼠标放到要被复制的图像的窗口中,按住 Alt 键,单击一下鼠标进行定点选样,这样复制的图像被保存到剪贴板中。把鼠标移到要复制图像的窗口中,选择一个点,然后按住鼠标拖动即可逐渐地出现复制的图像。

"仿制图章工具"从图像中取样,然后可将样本应用到其他图像或同一图像的其他部分,也可以将一个图层的一部分仿制到另一个图层。

在使用"仿制图章工具"时,会在该区域上设置要应用到另一个区域上的取样点。通过在属性栏中选择"对齐",不管绘画停止和继续过多少次,都可以重新使用最新的取样点。当"对齐"处于取消选择状态时,将在每次绘画时重新使用同一个样本像素。

因为可以将任何画笔笔尖与"仿制图章工具"一起使用,所以可以对仿制区域的大小进行多种控制。还可以使用属性栏中的"不透明度"和"流量"设置来微调应用仿制区域的方式,并可以从一个图像取样并在另一个图像中应用仿制,前提是这两个图像的颜色模式相同。

可以应用"仿制图章工具"去除文字,具体的操作是:选取"仿制图章工具",按住 Alt 键,在无文字区域单击相似的色彩或图案采样,然后在文字区域拖动鼠标仿制以覆盖文字。

 注意: 采样点即为复制的起始点。选择不同的笔刷直径会影响绘制的范围,而不同的笔刷硬度会影响绘制区域的边缘融合效果。

4.2.3 思考与练习

1. 填空题

(1)"段落"面板可以设置文字的_____和_____。

(2)常用的图层类型主要分为_____、_____、_____、_____、_____、_____和_____等几大类。

(3)蒙版主要用来_____,当图像添加蒙版后,对图像进行编辑操作时,所使用的命令对被屏蔽的区域_____,而对未被屏蔽的区域_____。

(4)"图像"→"调整"菜单下的命令主要是对图像或图像的某一部分进行_____、_____、_____及_____等调整,使用这些命令可以使图像产生多种色彩上的变化。

(5)Photoshop 图像属于_____性质的图像。

2. 选择题

(1)在 Photoshop 软件窗口的标题栏右边有 3 个按钮:表示_____、表示_____、表示_____。

A. 关闭窗口   B. 还原窗口   C. 最小化窗口   D. 最大化窗口

(2)CMYK 颜色模式是一种_____。

A. 屏幕显示模式   B. 光色显示模式   C. 印刷模式   D. 油墨模式

(3)向画布中快速填充背景色的快捷键是_____。

A. Alt+Backspace   B. Ctrl+Backspace

C. Shift+Backspace   D. Backspace

(4)可以快速弹出"画笔预设"面板的快捷键是_____。

A. F5   B. F6   C. F7   D. F8

(5)"橡皮擦工具"在属性栏中有_____橡皮类型。

A. 画笔   B. 喷枪   C. 直线   D. 块

(6)复制当前图层中选区内的图像至剪贴板中的命令是_____,将剪贴板中的图像粘贴到当前文件新图层中的命令是_____。

A. "编辑"→"变换"   B. "编辑"→"粘贴"

C. "编辑"→"复制"   D. "编辑"→"自由变换"

(7)按键盘中的_____键,可在 Windows 系统安装的输入法之间进行切换。

A. Ctrl+Alt   B. Ctrl+Shift

C. Alt+Shift   D. Ctrl+Alt+Shift

(8)"矩形选框工具"按钮的快捷键是_____。

A. T   B. M 或 Shift+M   C. V   D. D

(9)在给文字制作类似滤镜效果时,首先要将文字进行_____命令转换。

A. "图层"→"栅格化"→"文字"   B. "图层"→"文字"→"水平"

C. "图层"→"文字"→"垂直"   D. "图层"→"文字"→"转换为形状"

(10) "反向"命令的快捷键是_____。

A. Shift＋Ctrl＋A　　　　　　　　B. Shift＋Ctrl＋B

C. Shift＋Ctrl＋I　　　　　　　　D. Ctrl＋Alt＋D

(11) 下面对"渐变工具"功能的描述正确的是_____。

A. 如果在不创建选区的情况下填充渐变色,渐变工具将作用于整个图像

B. 不能将设定好的渐变色存储为一个渐变色文件

C. 可以任意定义和编辑渐变色,不管是两色、三色还是多色

D. 在 Photoshop 中共有 8 种渐变色类型

(12) 下列_____的属性栏总有绘图模式。

A. "仿制图章工具"　　　　　　　　B. "橡皮擦工具"

C. "画笔工具"　　　　　　　　　　D. "铅笔工具"

(13) 下列说法错误的是_____。

A. 选区不能被永久保存

B. 选区可以被永久保存

C. 在 Photoshop 中,选区就是选取相应的像素范围

D. 选区可以随意变形

(14) 当要保存选区时,选取保存在_____。

A. 内存中　　　　　B. 图像中　　　　　C. 通道中　　　　　D. 以上都不对

(15) 当将浮动的选区转换为路径时,所创建的路径的状态是_____。

A. 工作路径　　　　　　　　　　　B. 开放的子路径

C. 剪贴路径　　　　　　　　　　　D. 填充的子路径

3. 实践题

充分利用网络资源和运用本节所学的知识,寻找素材,制作一幅关于服装专卖店的招牌,其参考效果如图 4-2-20 所示。

图 4-2-20　"服装店招牌"参考效果图

4.3　宣传海报设计制作

海报又名"招贴"或"宣传画",是广告中的一种常见类型。海报主要通过色彩、图形、主题文字的布局,创造出精美的画面,以吸引人们的注意力,达到宣传的目的。海报一般分为两类:一是公益性海报,以关注人民生活质量提高为目的,非功利性,主要涉及公众关注的时事政治、社会公德等问题,如禁毒、反战、交通安全、环保等主题的海报。二是商业性海报,以传达商品信息、促销为目的,带有明确的功利性,涉及商品、服务、企业形象等。

4.3.1　任务一　音乐会海报图像部分制作

1. 任务介绍与案例效果

本次任务主要讲解音乐会海报图像的编排技法,通过对海报的设计方法和制作技巧讲解,掌握海报的设计基本思路和制作要领,并掌握 Photoshop 软件在海报创作中的常见技巧,最终效果如图 4-3-1 所示。

2. 案例制作方法与步骤

(1)制作海报之前,首先确定海报的大小,通常海报的标准尺寸是 540 mm × 380 mm,考虑到教学实际,下面按照 50% 比例缩小。选择"文件"→"新建"命令,命名文件为:音乐会海报,具体设置如图 4-3-2 所示。

(2)改变背景颜色。单击"油漆桶工具",将前景色设置为红色,相关数值设置如图 4-3-3 所示,将背景填充为红色。

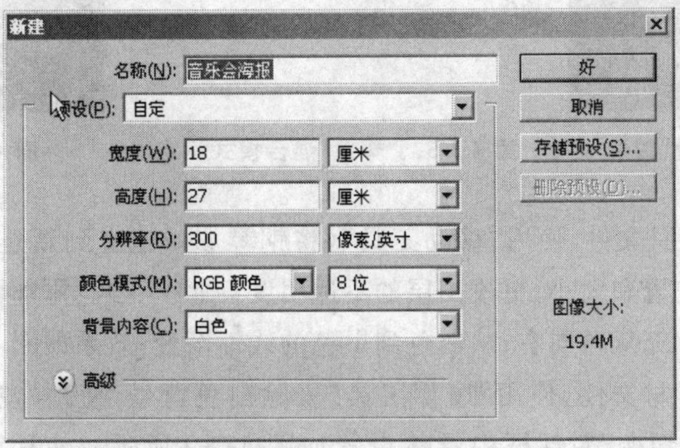

图 4-3-1　音乐会海报图像部分

图 4-3-2　文件参数设置

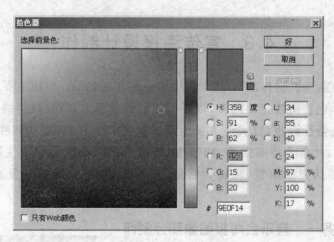

图 4-3-3　背景色设定

（3）打开琴键素材文件，使用"移动工具"，将素材图片拖曳到新建的文件中，调整其位置和大小，效果如图 4-3-4 所示。

（4）为图层添加图层蒙版，选取"渐变工具"，将图层蒙版填充由上而下、从白色到黑色的线性渐变，然后更改图层的混合模式为"强光"（图 4-3-5），图像效果如图 4-3-6 所示。

图 4-3-4　添加"琴键"效果　　　**图 4-3-5　"琴键"混合模式设定**　　　**图 4-3-6　"琴键"效果**

（5）打开钢琴素材文件，使用"移动工具"，将钢琴图像拖曳到新建的图像中，修改图层名为：钢琴，调整其位置和大小，更改图层的不透明度（图 4-3-7）。添加图层蒙版，使用"渐变工具"，将图层蒙版填充从左向右、从白色到黑色的线性渐变，效果如图 4-3-8 所示。

（6）打开乐谱素材文件，使用"魔棒工具"去除白色背景，使用"滤镜"→"扭曲"→"切变"命令，在打开的"切变"对话框中具体设置如图 4-3-9 所示。使用"移动工具"，将扭曲后的素材拖曳到新建的图像中，将其位置调整到"钢琴"图层下面，并更改大小以及图层混合模式,如图 4-3-10 所示。

图 4-3-7 不透明度设定　　　　　　　　图 4-3-8 "钢琴"效果

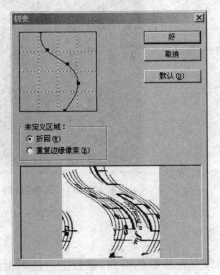

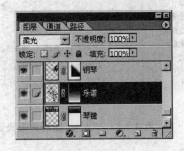

图 4-3-9 滤镜设定　　　　　　　　图 4-3-10 "乐谱"混合模式设定

（7）打开人物素材,使用"移动工具",将人物素材拖曳到新建的图像中,去除背景并调整其位置和大小,为其添加投影和外发光效果,具体设置如图 4-3-11、图 4-3-12 所示,效果如图 4-3-13 所示。

（8）打开蝴蝶素材,使用"移动工具",将素材拖曳到文件中,调整其位置和大小,并为其添加投影和外发光效果,具体参数如图 4-3-14 所示。使用"移动工具",按住 Alt 键复制出其他蝴蝶,使用"自由变换"调整大小和方向,整体效果如图 4-3-1 所示。

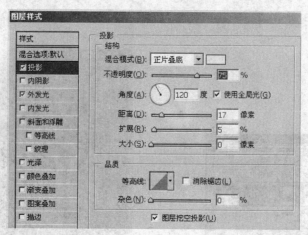

图 4-3-11　"人物"图层投影设定

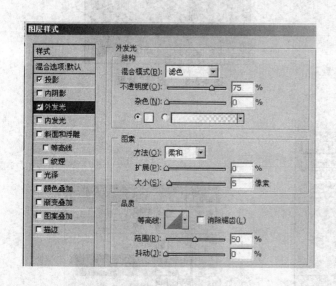

图 4-3-12　"人物"图层外发光设定

图 4-3-13　"人物"效果

3. 任务知识点解析

(1) 图层蒙版

给目标图层添加"图层蒙版"时,不管当前图像是否是彩色模式,蒙版上只能填上黑白的 256 级灰度图像,且蒙版上不同的黑、白、灰色色调可控制目标图层上像素的透明度,即:蒙版白色部分,相当于图层上图像效果为不透明;蒙版黑色部分,相当图层上图像效果为全透明;蒙版呈不同灰色,图像呈不同程度的透明状态。

(2) 图片选用

图片素材的选用尽量要有特色,能够体现所宣传主题,与内容无关的素材一律不用,以免造成信息过多,影响视觉和审美效果。

(3) 颜色应用

要统一中有对比,对比强烈的颜色,更容易吸引观众视线,达到传递信息的目的。

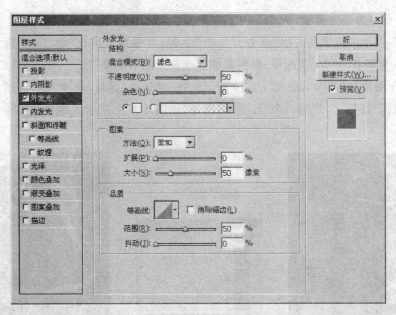

图 4-3-14 "蝴蝶"图层外发光设定

（4）画面组织

要注意以一个形象为主，其他形象为辅，同时形成一定的层次，使画面丰富又耐看。在多个图像之间通过图层蒙版、叠加方式的改变使图像过渡层次效果自然生动。

（5）图片的方向性

画面安排时要考虑图片的方向，如招贴中指挥棒与蝴蝶的关系，乐谱的曲线方向应用。图片大小及方向主要通过"自由变换"命令、"扭曲"命令等进行调节。

4.3.2 任务二 音乐会海报文字部分制作

1. 任务介绍与案例效果

成功的海报总是包含着恰当的文字和有吸引力的图片。前面介绍了海报中图像的编排技法，只有图像没有文字的海报是不完整的，本任务主要介绍海报文字设计的方法。

一般海报中文字分为几部分：一部分是海报主题，一部分是广告语等。在音乐会海报中文字主要介绍音乐会主题、音乐会时间、音乐会地点，主办单位、赞助单位等。一般情况下主题和宣传文字尽量不用计算机自带的默认字体，其他基本信息可以使用计算机字体。如果使用几种以上字体要注意有大小、颜色的明显区分，以形成阅读层次，最终效果如图 4-3-15 所示。

图 4-3-15 音乐会海报文字部分

2. 案例制作方法与步骤

（1）文字设计中将重点突出"新春音乐会"主题，其中重点突出"春"字。为了与主题相一致，可找一个草书的"春"字图片，以便能够体现音乐的节奏美。

（2）打开图片文件"春"，如图 4-3-16 所示。进入"通道"面板，选中"红"通道按住不放拖到"创建新通道"按钮上，复制一个"红副本"通道，如图 4-3-17 所示。效果如图 4-3-18 所示。

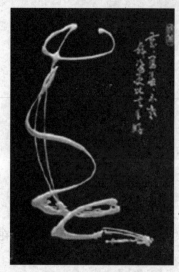
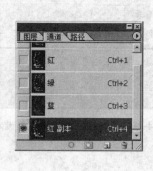
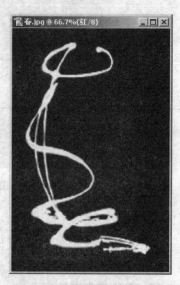

图 4-3-16　"春"图像　　　　图 4-3-17　"通道"面板　　　　图 4-3-18　"红副本"通道效果

（3）选中"红副本"通道，选取"图像"→"调整"→"阈值"命令，对"红副本"通道进行调整，如图 4-3-19 所示，效果如图 4-3-20 所示。

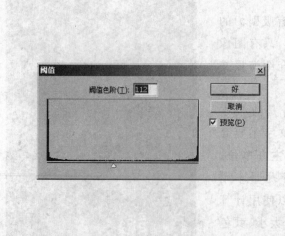

图 4-3-19　"红副本"通道调整　　　　图 4-3-20　"红副本"通道调整效果

（4）打开已完成的音乐会海报图像文件，用"魔棒工具"选中"红副本"通道白色区域，使用"移动工具"将选区拖到音乐会海报图像文件中，放置在左下角，并对其填充颜色，如图4-3-21所示，最终效果如图4-3-22所示。

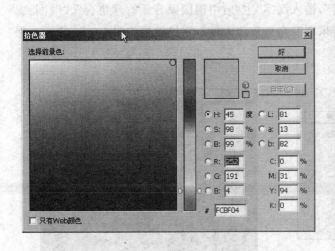

图 4-3-21 "春"颜色设定

图 4-3-22 "春"文字效果

（5）对"春"图层应用图层样式，添加外发光、斜面和浮雕、颜色叠加、渐变叠加效果，斜面和浮雕效果设置如图4-3-23所示，最终效果如图4-3-24所示。

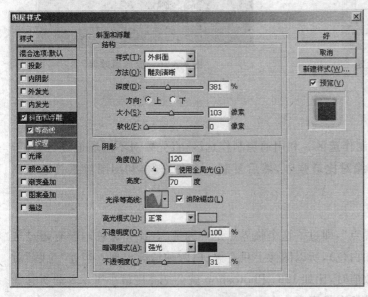

图 4-3-23 图层样式设定

图 4-3-24 添加图层样式后的效果

（6）选取"横排文字工具"，输入"新音乐会"，"新"后面留下空格，将"春"放置在后面，底部对齐，字体为黑体，字号 30。

（7）选中"新音乐会"文字，单击属性栏中的"创建文字变形"按钮，在打开的"变形文字"对话框中设置如图 4-3-25，效果如图 4-3-26 所示。

（8）使用"横排文字工具"，输入汉语拼音"XINCHUNYINYUEHUI"，放置在文字"新春音乐会"下面。使用"竖排文字工具"，输入汉字"主办：中国国家音乐管理协会"、"时间：二零零八年一月二十日"、"地点：中国音乐剧院金色玫瑰大厅"，字体设置如图 4-3-27 所示。保存文件，最终效果如图 4-3-15 所示。

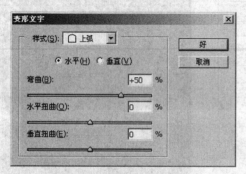

图 4-3-25　变形文字设定

图 4-3-27　字体设定

图 4-3-26　变形后效果

3．任务知识点解析

（1）利用通道进行选择

通道的重要功能之一就是制作选区。利用通道制作选区，首先要对不同通道进行尝试，看看哪个通道中对象与背景边缘对比最强烈，然后复制一个备份，再利用图像工具进行调节，以得到最佳选区。

（2）阈值工具的使用

阈值的定义其实就是"临界点"，即过了这个临界点是一种情况（比如黑色），没有超过这个临界点是另外一种情况（比如白色），所以图像上只有黑、白两种情况出现。当在"色阶"对话框输入某个 0～255 之间的数值时，比如 128，Photoshop 就会把亮度值小于 128 的所有像素变为黑色，把亮度大于 128 的所有像素变为白色。

（3）海报文字设定一般原则

在海报中，文字的大小没有固定不变的规律，一般来说主题文字最大，广告语次大，普通文字较小。文字的位置要注意不能放置在画面的精彩部位，字体一般不超过 3 种，以免混乱。标题文字一般单独处理，正文放置在一起处理，以便于对齐。

4.3.3 思考与练习

1. 填空题

（1）"_____"混合模式，可以产生一种柔和光照的效果。

（2）在"打开"对话框中，按住_____键的同时，可以打开多个不连续的文件。

（3）在"变形文字"对话框中，可以设置变形的样式，包括扇形、旗帜、波浪、_____扭转等。

（4）在使用"钢笔工具"时，将鼠标指针移至锚点上时，按住_____键，可以暂时将"钢笔工具"转换成"直接选择工具"。

（5）"_____"混合模式，可以根据下面图层的颜色，使当前图层产生变亮或变暗的效果。

2. 选择题

（1）_____不能将路径转化为选区。

A. 使用"椭圆工具"绘制路径后，在图像窗口内单击右键，从弹出的菜单中选择"建立选区"命令

B. 单击"路径"面板下方的按钮

C. 单击"路径"面板右上方的黑色三角形按钮，从弹出的菜单中选择"建立选区"命令

D. 按键盘上的 Ctrl＋D 键

（2）_____不可以用前景色填充选区。

A. 按键盘上的 Alt＋Delete 键　　　　　B. 按键盘上的 Ctrl＋Delete 键

C. 使用"油漆桶工具"　　　　　　　　D. 选择"编辑"→"填充"命令

（3）在图像窗口中，按住_____键的同时，使用"移动工具"拖曳图像，可以复制图像。

A. Ctrl　　　　　B. Alt　　　　　C. Shift　　　　　D. Ctrl＋Shift

（4）选择"编辑"→"自由变换"命令的快捷键为_____。

A. Ctrl＋T　　　　　B. Ctrl＋Y　　　　　C. Shift＋T　　　　　D. Shift＋Y

（5）_____可以将选区的边缘用纯色描绘出来。

A. 单击"图层"面板下方的"添加图层样式"按钮，从弹出的菜单中选择"描边"命令

B. 使用"多边形套索工具"

C. 选择"编辑"→"描边"命令

D. 选择"图层"→"图层样式"→"描边"命令

（6）在"新建"对话框中，"背景内容"选项的下拉列表中提供了_____选项。

A. "前景色"　　　　B. "背景色"　　　　C. "白色"　　　　D. "透明"

（7）在"内发光"对话框中，在"源"选项组中包含_____单选项。

A. "居中"　　　　B. "居外"　　　　C. "边缘"　　　　D. "居内"

（8）在使用"钢笔工具"时，按住 Shift 键的同时，单击鼠标创建锚点，将_____进行绘制。

A. 水平   B. 以 45°角的倍数

C. 垂直   D. 以 30°角的倍数

（9）在"打开"对话框中，按住_____键，可以同时选择并打开多个图像文件。

A. Ctrl   B. Shift   C. Alt   D. Tab

（10）要将选区中的图像拷贝到一个新图层中，可以_____。

A. 绘制选区后，在图像窗口内单击右键，从弹出的菜单中选择"通过拷贝的图层"命令

B. 选择"图层"→"新建"→"通过拷贝的图层"命令

C. 按键盘上的 Ctrl＋J 键

D. 按键盘上的 Ctrl＋K 键

3. 实践题

根据本次所学技能设计一个海报，完成以下两个任务：

（1）完成海报的画面构成。

（2）为海报添加相应的主题文字和相关文字。

图 4-3-28、图 4-3-29 为参考效果图。

图 4-3-28 海报画面效果图

图 4-3-29 添加文字效果图

4.4 建筑效果图设计制作

建筑效果图修饰是效果图设计的一个重要组成部分。通过修饰可以渲染出建筑的特色和环境氛围。本节以建筑效果图修饰为例，讲解建筑效果图设计的常见方法和技巧。通过学习，应掌握建筑效果图修饰的设计思路和制作要领。通过合理组合基本图像元素，如房屋、草地、行人、植物等，修饰出精美的建筑效果图。

4.4.1　任务一　效果图人物和场景制作

1. 任务介绍与案例效果

本次任务主要是通过使用一些图片素材对建筑模型图的前景、中景和背景进行装饰。主要目的是通过前景和背景的设定控制室外效果图中的深度，也就是让画面具有层次感；通过画面中景的设定丰富画面内容，最终效果如图 4-4-1 所示。

图 4-4-1　人物和场景效果

2. 案例制作方法与步骤

（1）打开一幅经过三维软件渲染过的建筑模型图文件，效果如图 4-4-2 所示。

图 4-4-2　建筑模型图

（2）打开天空素材文件，按 Ctrl＋A 键将图像中的内容全部选中，按 Ctrl＋C 键将选区中的图像复制。

（3）进入模型图片文件，选择"编辑"→"粘贴"命令，将天空图片贴入。在"图层"面板中调节图层顺序，将天空图片放置在最底层。使用"魔棒工具"将模型图地平线白色背景完全选中，删除白色，使其透明露出天空，效果如图 4-4-3 所示。

图 4-4-3　贴入背景图

（4）分别打开背景树和前景树素材文件，分别如图 4-4-4 和图 4-4-5 所示。

图 4-4-4　背景树　　　　　　　　　　　　　　图 4-4-5　前景树

（5）将两个素材分别复制粘贴到模型图文件中。将前景树图片去除白色背景后放置在左上角，并放置在"模型图"图层上方，调整大小至合适。将背景树图片去除白色背景后放置在"模型图"图层下方，不透明度设定为 55％，效果如图 4-4-6 所示。

图 4-4-6　添加前景树、背景树效果

（6）打开草地素材文件，将图片按照上面的方法复制粘贴进模型图文件中，保持在最上层，移动位置至楼前黑色部分，可以进行部分遮挡。然后导入灌木球图片对草地进行装饰，可以将灌木球图片复制出两三组，然后调节大小后放置在不同的位置，效果如图 4-4-7 所示。

图 4-4-7　添加草地、灌木球效果

（7）打开素材"中景树"文件，将图片添加到模型图文件的右侧，调整它的大小及位置。

将素材人物图片添加到文件中,最终效果如图4-4-1所示。

3. 任务知识点解析

(1)容差数值设定问题

在选择的过程中,使用"魔棒工具"时容差数值设置过大会造成多选,破坏图像效果,要取得最佳效果要多试几个数值。

(2)画面层次关系

图层的上下位置是进行画面空间创作的一个重要因素,特别是在创建物体前后关系时要及时调整图层的上下位置。此外,图层透明度也是空间远近透视一个较为有效的手段,物体越近越清晰,越远越模糊。

(3)画面光线方向问题

添加树的投影和人物的投影时要注意保持方向的一致性,在同一时间、地点的人物投影应该是一致的。

(4)画面整体比例关系

要注意人与建筑的比例关系,人与其他事物的比例关系。人与建筑位置的远近直接影响到人在效果图中高矮,要避免出现人比建筑还大的现象。

(5)图像组元素之间的比例关系

图中人物位置远近不同,人的大小是不一致的,近大远小是透视的基本常识。同样在处理灌木球时也一样,大小远近都要进行变化,在符合人们视觉习惯的同时,也要注意艺术效果。

4.4.2　任务二　效果图水面投影效果制作

1. 任务介绍与案例效果

前面介绍了建筑效果图制作的一般方法,这也是室外建筑效果图常用的手法。由于室外建筑效果图经常涉及湖、溪水等环境,在制作效果图时经常用到水面倒影效果,在下面的任务中主要讲解建筑水面倒影的制作技巧,最终效果如图4-4-8所示。

图 4-4-8　水面投影效果

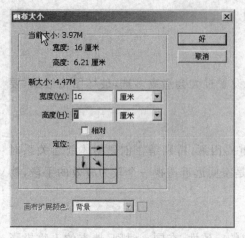

图 4-4-9　画布扩展数值

2. 案例制作方法与步骤

（1）考虑到要在画面下方做出水面投影效果，可以扩大画布的下部面积，倒影面积大一点，效果会更好。使用"图像"→"画布大小"命令，在弹出的对话框中输入数值如图 4-4-9。

（2）倒影应该与物体形象是镜像关系，因此使用"镜像"命令，但现在需要保留原有图像，所以可以使用"图像"→"复制"命令，在弹出的对话框按确定按钮，创建一个原图像副本。然后关闭副本文件中人物图层和前景树图层的显示，使用"图层"→"拼合图像"命令，在弹出对话框中按"确定"按钮。

（3）考虑到画面较大，而所能展现的倒影面积有限，可以去除无精彩内容的部分，通过"裁剪工具"选取中间大楼和部分草坪，宽度不变，高度改变，裁切后效果如图 4-4-10 所示。

图 4-4-10　裁切效果

（4）通过"图像"→"旋转画布"→"垂直翻转画布"命令，得到倒影图片，如图 4-4-11 所示。为了制作出非常逼真的水面效果，要给画面增加水波和水的透明度效果。通过"滤镜"→"模糊"→"高斯模糊"命令打开"高斯模糊"对话框，设置如图 4-4-12 所示；通过"滤镜"→"扭曲"→"水波"命令为画面制作水纹，设置如图 4-4-13 所示。

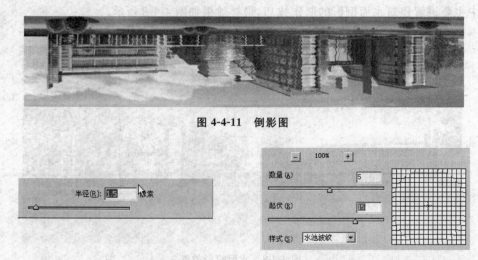

图 4-4-11　倒影图

图 4-4-12　高斯模糊数值　　　　　　　　图 4-4-13　水波数值

(5) 回到原效果图文件,将制作好的倒影图用"移动工具"移到效果图文件中,通过"图层"面板将"倒影"图层移到"模型图"图层和"草坪"图层之间,调整位置以获得最佳效果,然后将"倒影"图层的不透明度设定为 45％,最终效果如图 4-4-8 所示。

3．任务知识点解析

(1) 画布扩展问题

在模型图输出时,由于渲染的文件大小直接影响速度,通常模型图片不会一次留好后期合成的空间位置,这就需要在后期处理中根据效果图发布或者展示要求进行尺寸修改,以获得最佳版面效果。

(2)"模糊"的应用

在进行艺术创作时,"模糊"是一个经常用到命令,通过"模糊"可以让主题更加突出,让画面更加具有一种想像力,特别是在制作一些倒影和投影效果时,若少了模糊效果,真实感就会差很多。

(3) 透明度问题

透明度的设定主要是通过"图层"面板的"不透明度"和"填充"来实现的。透明度可以设定画面前后层次的虚实关系,也可以产生一定的模糊效果。

4.4.3　思考与练习

1．填空题

(1) 在对图像进行自由变换时,按＿＿＿＿＿＿键可以进行等比例缩放。

(2) 在"魔棒工具"的属性栏中,"容差"控制＿＿＿＿＿＿。

(3) 使用"移动工具"移动图像时,按住＿＿＿＿＿＿键,可以复制。

(4)"＿＿＿＿＿＿"滤镜可以产生水纹涟漪的效果。

(5) 选择"编辑"→"拷贝"命令的快捷键为＿＿＿＿＿＿。

2．选择题

(1) 使用＿＿＿＿命令,可以将彩色图像转化为单一色图像。

A．"色相/饱和度"　　B．"色阶"　　　　C．"色彩平衡"　　　　D．"变化"

(2) ＿＿＿＿滤镜可以模仿物体运动时曝光的摄影手法。

A．"高斯模糊"　　　B．"动感模糊"　　　C．"径向模糊"　　　　D．"特殊模糊"

(3)"向下合并"命令的快捷键为＿＿＿＿。

A．Ctrl＋E　　　　　B．Ctrl＋F　　　　　C．Shift＋E　　　　　D．Shift＋F

(4) 在"魔棒工具"的属性栏中,可以设置＿＿＿＿。

A．"容差"选项　　　B．"连续的"选项　　C．"消除锯齿"选项　D．"羽化"选项

(5) 在"自定形状工具"的属性栏中,按钮表示＿＿＿＿。

A．绘制工作路径　　B．创建形状图层　　C．绘制图形　　　　　D．创建调整图层

(6) 使用＿＿＿＿,可将图像进行缩放。

A．"放大工具"　　　B．"缩小工具"　　　C．"标尺工具"　　　　D．"缩放工具"

(7) 选择"移动工具",移动图像时,按住 Shift 键,可以＿＿＿＿。

A. 水平移动图像　　　　　　　　　　B. 垂直移动图像

C. 沿 30°直线移动图像　　　　　　　D. 沿 45°直线移动图像

（8）拷贝图像的方法有多种，其中包括_____。

A. 按 Ctrl＋C 键　　　　　　　　　　B. 选择"编辑"→"拷贝"命令

C. 选择"编辑"→"合并拷贝"命令　　　D. 按 Ctrl＋V 键

（9）合并可见图层的方法有_____。

A. 按 Shift＋Ctrl＋E 键　　　　　　　B. 选择"图层"→"合并可见图层"命令

C. 从弹出的菜单中选择"合并可见图层"命令 D. 按 Alt＋Ctrl＋E 键

3. 实践题

根据本次所学技能，按照图片素材完成一个建筑效果图后期制作，主要完成以下两个任务：

（1）效果图的风景、人物设定和安排。

（2）效果图的水面倒影制作。

图 4-4-14 和图 4-4-15 为参考效果图。

图 4-4-14　添加风景、人物效果图

图 4-4-15　添加水面倒影效果图

第5章 Photoshop CS3 应用——包装设计

5.1 手提袋设计制作

手提袋是人们日常使用的包装之一。在初期,手提袋仅仅起到承载物品的作用,但是,随着包装的不断发展,手提袋包装在承载物品的同时可以在包装袋表面印刷产品信息以及企业文化等相关内容,从而起到了一种广告的宣传作用。

手提袋具有便捷、轻巧的特点,备受人们的青睐。手提袋的规格不一,在设计时需要考虑手提袋的运用范围。此外,手提袋的外观设计形式和表现手法可以多样化,根据产品类型应表现出独特的设计风格。

5.1.1 任务一 手提袋平面图制作

1. 任务介绍与案例效果

本次任务主要为 2008 北京奥运合作伙伴——中国银行设计品牌宣传环保袋平面图,环保袋会应用到多个方面,包括商务、礼品、资料、宣传等,所以本任务的创意设计要注重环保袋的图像和用途相匹配。本次设计创意简洁大方、色调明快,符合中行的标准形象风格,采用淡绿色为主色调,体现"绿色奥运,环保中国"的设计理念,另外以吉祥物福娃、奥运五环及环保标志为主要图案,配合中行的标志,既突出了中行的形象,同时也传达了奥运精神。本次任务需要完成手提袋的正、反面和侧面设计,尺寸为:38 cm(高)×45 cm(宽)×9 cm(厚),最终的设计效果如图 5-1-1 所示。

图 5-1-1 手提袋平面展开效果图

2. 案例制作方法与步骤

（1）新建一个图像文件，文件的相关参数设置如图 5-1-2 所示。

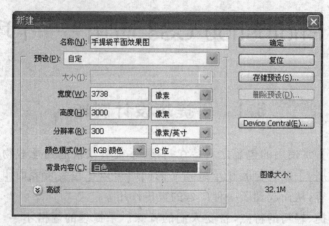

图 5-1-2　文件参数设置

（2）执行"编辑"→"填充"命令，为"背景"填充颜色（R＝73、G＝73、B＝73）。

（3）制作手提袋正面。单击"图层"面板下方的"创建新组"按钮，新建"组1"，在"组1"里新建"图层1"，然后单击"矩形选框工具"，在图像文件的右侧绘制一个矩形选区。然后选择"渐变工具"，在属性栏中设置线性渐变颜色从（R＝112、G＝247、B＝112）到（R＝222、G＝245、B＝220），并设置第二个渐变色的透明度为 40％，由上而下为矩形选区进行渐变填充，然后按 Ctrl＋D 键取消选区，如图 5-1-3 所示。

（4）打开素材文件"福娃.psd"，然后将福娃图像拖到"手提袋平面效果图"文件中，这时会自动生成一个图层，将图层重新命名为"福娃"，并将福娃图像移动到图像下方合适位置，用"套索工具"结合"自由变换"命令分别调整 5 个福娃的大小和位置，最后效果如图 5-1-4 所示。

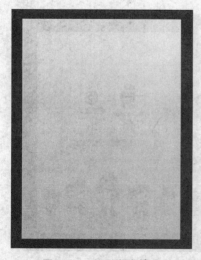

图 5-1-3　矩形渐变填充

图 5-1-4　奥运福娃

(5)复制图层"福娃",生成图层"福娃副本",选择图层"福娃副本",然后选择"编辑"→"变换"→"垂直翻转"命令,将福娃垂直翻转,移动到合适位置作为图层"福娃"中福娃的倒影,如图 5-1-5 所示。

(6)用"矩形选框工具"选择倒影福娃中超出矩形框的部分,并按 Delete 键删除选区,然后按 Ctrl+D 键取消选框,如图 5-1-6 所示。

图 5-1-5　福娃倒影　　　　　　　　　图 5-1-6　裁剪福娃

(7)调节图层"福娃副本"的不透明度为 35%,最终效果如图 5-1-7 所示。

(8)在"图层 1"上方新建"图层 2",选择"矩形选框工具",在福娃和倒影之间向下绘制一个矩形,然后填充颜色(R=31、G=177、B=24),效果如图 5-1-8 所示。

图 5-1-7　福娃倒影效果　　　　　　　图 5-1-8　矩形填充效果

(9)将素材文件"标准组合 logo 版式.psd"打开并拖入到"手提袋平面效果图"文件中,

"图层"面板中会自动生成一个图层,然后将图层重新命名为"标准组合 LOGO",然后移动到合适的位置,如图 5-1-9 所示。

（10）选择图层"标准组合 LOGO",并为该图层添加"投影"和"斜面和浮雕"样式,参数采用默认设置,效果如图 5-1-10 所示。

图 5-1-9　标准组合 LOGO 位置　　　　图 5-1-10　添加样式效果(标准组合 LOGO)

（11）绘制穿绳孔。新建一个图层并重新命名为"穿绳孔",选择"矩形选框工具",在图像左上方绘制一个羽化值为 0 像素的正圆选区,如图 5-1-11 所示。

（12）选择"编辑"→"填充"命令,打开"填充"面板,为正圆选区填充颜色(R＝165、G＝169、B＝164),如图 5-1-12 所示。

图 5-1-11　正圆选区　　　　　　　图 5-1-12　颜色填充效果

（13）选择"选择"→"变换选区"命令,将选区缩小至原来的 60％,如图 5-1-13 所示。

（14）按 Delete 键删除选区,如图 5-1-14 所示。

（15）为图层"穿绳孔"添加"斜面和浮雕"样式,参数选择默认设置,效果如图 5-1-15 所示。

（16）复制图层"穿绳孔",生成"穿绳孔副本"图层,将"穿绳孔副本"图层中的圆孔向右侧移动,形成对称穿绳孔,如图 5-1-16 所示。

图 5-1-13　缩小选区

图 5-1-14　删除选区

图 5-1-15　添加样式效果(穿绳孔)

图 5-1-16　对称穿绳孔

(17) 制作手提袋背面。在"图层"面板中新建"组 2",然后在"组 2"中新建"图层 3",在图像左侧绘制一个和正面一样的绿色渐变矩形。然后打开素材文件"横版组合 logo 版式.psd",然后拖到"手提袋平面效果图"文件中,这时会自动生成一个图层,将图层重新命令为"横版组合 LOGO",并将图标移动到矩形下方合适位置,如图 5-1-17 所示。

(18) 选择图层"横版组合 LOGO",并为该图层添加"投影"和"斜面和浮雕"样式,参数采用默认设置。然后选择"编辑"→"描边"命令打开"描边"面板,为图层添加宽度为 1 像素,颜色为白色,位置为"居外"的描边,效果如图 5-1-18 所示。

图 5-1-17　横版组合 LOGO 位置

图 5-1-18　添加特效

(19) 打开素材文件"五环福娃.psd",然后将福娃图像拖到"手提袋平面效果图"文件中,这时会自动生成一个图层,将图层重新命名为"五环福娃",并将福娃图像移动到图形上方合适位置,调整大小,如图 5-1-19 所示。

（20）为"五环福娃"图层添加"斜面和浮雕"样式,参数采用默认设置,效果如图 5-1-20所示。

图 5-1-19　五环福娃位置　　　　　图 5-1-20　添加样式效果(五环福娃)

（21）输入文字"同一个世界　同一个梦想",字体为"方正大标宋简体",大小为 60 点,颜色为黑色。然后再输入英文"one word one dream",字体为"黑体",大小为 60 点,颜色为黑色,如图 5-1-21 所示。

（22）分别为两个文字图层添加"投影"样式,效果如图 5-1-22 所示。

图 5-1-21　输入文字(背面)　　　　　图 5-1-22　投影效果(背面文字)

（23）用和绘制手提袋正面穿绳孔一样的方法为手提袋背面绘制穿绳孔(或者通过复制

图层来实现)，在此不再赘述。

（24）制作手提袋侧面。在"图层"面板中新建"组 3"，然后在"组 3"中新建"图层 4"，在图像中间绘制一个白色矩形，如图 5-1-23 所示。

（25）打开素材文件"奥运环保标志.psd"，然后将标志拖到"手提袋平面效果图"文件中，这时会自动生成一个图层，将图层重新命令为"环保标志"，并将图标移动到矩形上方合适位置，如图 5-1-24 所示。

图 5-1-23　白色矩形

图 5-1-24　添加环保标志

（26）输入竖排文字"绿色奥运　环保中国"，字体为"方正大标宋简体"，大小为 72 点，颜色为黑色，如图 5-1-25 所示。

（27）为文字图层添加"投影"样式，参数选择默认设置，效果如图 5-1-26 所示。

图 5-1-25　输入文字(侧面)

图 5-1-26　投影效果(侧面文字)

（28）制作完毕，按 Ctrl＋S 键，将文件存储为"手提袋平面效果图.psd"。

3．任务知识点解析

（1）创建新图层或组

创建新图层或组，可执行下列操作之一：

● 要使用默认选项创建新图层或组，可单击"图层"面板中的"创建新图层"按钮　或"创建新组"按钮　。

● 执行"图层"→"新建"→"图层"命令或执行"图层"→"新建"→"组"命令。

● 从"图层"面板菜单中选取"新建图层"或"新建组"命令。

● 在按住 Alt 键的同时，单击"图层"面板中的"创建新图层"按钮或"创建新组"按钮，以显示"新建图层"或"新建组"对话框并设置选项。

● 在按住 Ctrl 键的同时，单击"图层"面板中的"创建新图层"按钮或"创建新组"按钮，以在当前选中的图层下添加一个图层或一个组。

在"新建图层"或"新建组"对话框中，可以对以下选项进行设置：

● 名称：指定图层或组的名称。

● 使用前一图层创建剪贴蒙版：此选项不可用于组。

● 颜色：为"图层"面板中的图层或组分配颜色。

● 模式：指定图层或组的混合模式。

● 不透明度：指定图层或组的不透明度级别。

● 填充模式中性色：使用预设的中性色填充图层；此选项不可用于组。

（2）使用其他图层中的效果创建新图层

① 在"图层"面板中选择现有图层。

② 将该图层拖动到"图层"面板底部的"创建新图层"按钮。新创建的图层包含现有图层的所有效果。

（3）将选区转换为新图层

① 建立选区。

② 执行下列操作之一：

● 选取"图层"→"新建"→"通过拷贝的图层"命令，将选区拷贝到新图层中。

● 选取"图层"→"新建"→"通过剪切的图层"命令，剪切选区并将其粘贴到新图层中。

 注意：必须栅格化智能对象或形状图层，才能启用这些命令。

（4）为文本添加投影

添加投影可以使图像中的文本具有立体效果。

① 在"图层"面板中选择要为其添加投影的文本所在的图层。

② 单击"图层"面板底部的"添加图层样式"按钮 *fx* ，并从列表中选取"投影"。

③ 在弹出的对话框中调整设置。可以更改投影的各个方面，其中包括它与下方图层混合的方式、不透明度（显示下方各图层的程度）、光线的角度以及它与文字或对象的距离。

④ 获得满意的投影效果后,单击"确定"按钮。

 注意:要对另一图层使用相同的投影设置,将"图层"面板中的"投影"图层拖动到另一图层。松开鼠标按钮后,Photoshop 就会将投影属性应用于该图层。

(5)应用渐变填充

"渐变工具"可以创建多种颜色间的逐渐混合。可以从预设渐变填充中选取,或创建自己的渐变。

 注意:"渐变工具"不能用于位图或索引颜色图像。

通过在图像中拖动用渐变填充区域。起点(按下鼠标处)和终点(松开鼠标处)会影响渐变外观,具体取决于所使用的"渐变工具"。

① 如果要填充图像的一部分,需选择要填充的区域。否则,渐变填充将应用于整个当前图层。

② 选择"渐变工具" 。

③ 在属性栏中选取渐变填充:

● 单击渐变样本旁边的三角形,以选择预设渐变填充。

● 在渐变样本内单击以查看"渐变编辑器"。选择预设渐变填充,或创建新的渐变填充,然后单击"确定"按钮。

④ 在属性栏中选择应用渐变填充的选项:

● 线性渐变 :以直线从起点渐变到终点。

● 径向渐变 :以圆形图案从起点渐变到终点。

● 角度渐变 :围绕起点以逆时针扫描方式渐变。

● 对称渐变 :使用均衡的线性渐变在起点的任一侧渐变。

● 菱形渐变 :以菱形方式从起点向外渐变,终点定义菱形的一个角。

⑤ 在属性栏中执行下列操作:

● 指定混合模式和不透明度。

● 要反转渐变填充中的颜色顺序,选择"反向"。

● 要用较小的带宽创建较平滑的混合,选择"仿色"。

● 要对渐变填充使用透明蒙版,选择"透明区域"。

⑥ 将鼠标指针定位在图像中要设置为渐变起点的位置,然后拖动以定义终点。要将线条角度限定为 45°的倍数,可在拖动时按住 Shift 键。

5.1.2 任务二 手提袋立体效果展示设计

1. 任务介绍与案例效果

本次任务将以前面设计好的手提袋平面图像为基础,经过简单的变形操作和添加投影效果,并以渐变背景为衬托,制作出立体感很强的手提袋展示效果图,较好地把内容与艺术形式相结合。最终的设计效果如图 5-1-27 所示。

图 5-1-27　手提袋立体效果展示

2. 案例制作方法与步骤

(1)将"手提袋平面效果图.psd"文件打开,选择"图像"→"复制"命令,弹出"复制图像"对话框,在对话框中将名称更改为"手提袋立体效果图",如图 5-1-28 所示,单击"确定"按钮,复制图像文件。

(2)制作背景条。首先将"组 1"、"组 2"和"组 3"隐藏,然后在背景图层上方新建"背景条"图层,用"矩形选框工具"在背景下方创建一个矩形选区,填充选区颜色为从下至上的黑色到透明的线性渐变,然后按 Ctrl+D 键取消选区,如图 5-1-29 所示。

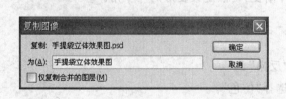

图 5-1-28　复制图像

图 5-1-29　制作背景条

(3)合并"组 1"图层。将"组 1"显示,然后将"组 1"中的所有图层选中并按 Ctrl+E 键合并,生成图层"穿绳孔副本",将图层重新命名为"手提袋正面"。按 Ctrl+T 键显示变换边框,调整合适大小,按住 Ctrl 键并拖动变换边框的节点对图像进行变换调整,调整后图像如

图 5-1-30 所示。

　　（4）制作侧面。将"组 3"显示，然后用同样的方法将"组 3"里的图层合并，生成图层"绿色奥运　环保中国"，将图层重新命名为"侧面"。复制该图层，并重新命名为"侧面1"，然后将其拖到"组 1"中，用同样的方法对"侧面 1"图像进行调整，调整后的图像如图 5-1-31 所示。

图 5-1-30　正面图像调节

图 5-1-31　侧面图像调节

　　（5）制作折痕。将"组 3"中的图层"侧面"隐藏，然后在"组 1"中新建图层"折痕 1"，选择"多边形套索工具"，在侧面下方绘制一个三角形区域，并填充由下至上且颜色从（R＝216、G＝219、B＝216）到（R＝240、G＝239、B＝239）的线性渐变（不透明度 80％），然后取消选区，效果如图 5-1-32 所示。

　　（6）新建图层"折痕 2"，选择"多边形套索工具"，在侧面左侧绘制一个多边形区域，并填充由左至右的淡灰色到透明的线性渐变（或者通过调节"色相/饱和度"对话框中"明度"值来使选区变暗制作折痕），然后取消选区，效果如图 5-1-33 所示。

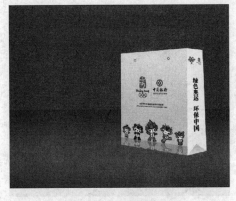

图 5-1-32　绘制折痕（一）

图 5-1-33　绘制折痕（二）

　　（7）制作手提绳。新建图层"手提绳"，选择"钢笔工具"，绘制曲线的环形路径，然后按

Ctrl＋Enter 键将路径转换为选区后填充颜色，手提绳颜色和粗细可自行定义，如图 5-1-34 所示。

（8）选中图层"手提绳"，按 Ctrl＋J 键复制该图层，生成图层"手提绳副本"，并移动到图层"手提袋正面"的下方，调节图层"手提绳副本"中手提绳到合适位置，并设置该图层的不透明度为 70％，作为另一侧的手提绳，如图 5-1-35 所示。

图 5-1-34　绘制一侧手提绳

图 5-1-35　另一侧手提绳

（9）将图层"折痕 2"、"折痕 1"、"侧面 1"合并，生成图层"折痕 2"，复制该图层，生成图层"折痕 2 副本"，选中图层"折痕 2 副本"，然后选择"编辑"→"变换"→"垂直翻转"命令，将图像垂直翻转。调节形状大小并移动到合适位置作为图层"折痕 2"的倒影，并调节图层"折痕 2 副本"的不透明度为 20％，效果如图 5-1-36 所示。

（10）复制图层"手提袋正面"，生成图层"手提袋正面副本"，选中图层"手提袋正面副本"，然后选择"编辑"→"变换"→"垂直翻转"命令，将图像垂直翻转。调节形状大小并移动到合适位置作为图层"手提袋正面"的倒影，并调节图层"手提袋正面副本"的不透明度为 20％，效果如图 5-1-37 所示。

图 5-1-36　制作侧面倒影

图 5-1-37　制作正面倒影

（11）制作投影。在图层"背景条"上方新建图层"投影"，选择"多边形套索工具"，在手

提袋背面绘制一个多边形选区,填充从黑色到透明的线性渐变作为手提袋的投影,效果如图
5-1-38所示。

(12)用同样的方法制作手提袋反面的立体效
果图(可以通过执行"滤镜"→"渲染"→"光照效
果"命令来增强立体感),在此不再赘述。在图像
左上角添加白色文字"中银奥运环保手提袋",最
终效果如图5-1-27所示。

(13)制作完毕,按Ctrl+S键保存文件。

3. 任务知识点解析

可以用"钢笔工具"通过如下方式创建曲线:
在曲线改变方向的位置添加一个锚点,然后拖动
构成曲线形状的方向线。方向线的长度和斜度决
定了曲线的形状。

图5-1-38　制作手提袋投影

　注意:如果使用尽可能少的锚点拖动曲线,可更容易编辑曲线并且系统可更快速显
示和打印它们。使用过多锚点还会在曲线中造成不必要的凸起。

(1)选择"钢笔工具"。

(2)将"钢笔工具"定位到曲线的起点,并按住鼠标左键。

此时会出现第一个锚点,拖动鼠标,"钢笔工具"指针变为一个箭头(在Photoshop中,只
有在开始拖动后,指针才会发生改变)。

(3)拖动鼠标设置要创建的曲线段的斜度,然后松开鼠标左键。

以上步骤(1)~(3)绘制了曲线中的第一个锚点和方向线,如图5-1-39所示。一般而言,
将方向线向计划绘制的下一个锚点延长约1/3的距离(以后可以调整方向线的一端或
两端)。

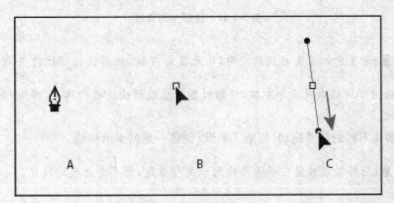

图5-1-39　绘制曲线中的第一个锚点和方向线

　注意:按住Shift键可将工具限制为45°的倍数。

（4）将"钢笔工具"定位到希望曲线段结束的位置，执行以下操作之一：

● 若要创建 C 形曲线，向前一条方向线的相反方向拖动，然后松开鼠标按钮，如图 5-1-40
所示。

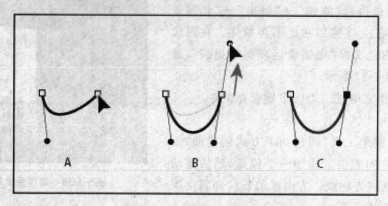

图 5-1-40　绘制 C 形曲线

● 若要创建 S 形曲线，按照与前一条方向线相同的方向拖动，然后松开鼠标按钮。

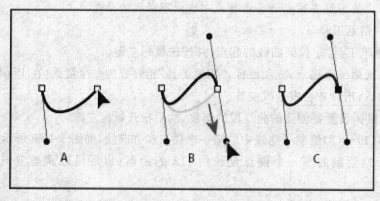

图 5-1-41　绘制 S 形曲线

 注意：若要急剧改变曲线的方向，松开鼠标按钮，然后按住 Alt 键并沿曲线方向拖
动方向点。松开 Alt 键以及鼠标左键，将指针重新定位到曲线段的终点，并向相反方向拖移
以完成曲线段。

（5）继续从不同的位置拖动"钢笔工具"以创建一系列平滑曲线。

 注意：应将锚点放置在每条曲线的开头和结尾，而不是曲线的顶点。

 注意：按 Alt 键并拖动方向线可以中断锚点的方向线。

（6）通过执行下列操作之一完成路径：

● 若要闭合路径，将"钢笔工具"定位在第一个（空心）锚点上。如果放置的位置正确，

"钢笔工具"指针旁将出现一个小圆圈,单击或拖动可闭合路径。

● 若要保持路径开放,按住 Ctrl 键并单击远离所有对象的任何位置。

5.1.3 思考与练习

1. 填空题

(1) _____(按下鼠标处)和_____(松开鼠标处)会影响渐变外观,具体取决于所使用的"渐变工具"。

(2) 渐变填充时,要将线条角度限定为 45°的倍数,应拖动时按住_____键。

(3) 快捷键_____可用来合并图层,快捷键_____可用来复制图层。

(4) 用"钢笔工具"绘制曲线时,方向线的_____和_____决定了曲线的形状。

(5) 快捷键_____可将路径转换为选区。

2. 选择题

(1) 下面对"模糊工具"功能的描述正确的是_____。

A. "模糊工具"只能使图像的一部分边缘模糊

B. "模糊工具"的压力是不能调整的

C. "模糊工具"可降低图像的对比度

D. 如果在有图层的图像中使用"模糊工具",只有所选中的图层才会起变化

(2) 当使用绘图工具时,暂时转换到"吸管工具"的方法是_____。

A. 按住 Shift 键　　　　　　　　　　B. 按住 Alt 键

C. 按住 Ctrl 键　　　　　　　　　　D. 按住 Ctrl＋Alt 键

(3) 当编辑图像时,使用"减淡工具"可以达到_____目的。

A. 使图像中某些区域变暗

B. 删除图像中的某些像素

C. 使图像中某些区域变亮

D. 使图像中某些区域的饱和度增加

(4) 下面_____可以减少图像的饱和度。

A. "加深工具"

B. "减淡工具"

C. "海绵工具"

D. 任何一个在属性栏中有饱和度滑块的绘图工具

(5) 下列_____可以选择连续的相似颜色的区域。

A. "矩形选框工具"　　　　　　　　　B. "椭圆选框工具"

C. "魔棒工具"　　　　　　　　　　　D. "磁性套索工具"

(6) 下面_____形成的选区可以被用来定义画笔的形状。

A. "矩形选框工具"　　　　　　　　　B. "椭圆选框工具"

C. "套索工具"　　　　　　　　　　　D. "魔棒工具"

(7) 复制一个图层的方法是_____。

A. 选择"编辑"→"复制"命令

B. 选择"图像"→"复制"命令

C. 选择"文件"→"复制图层"命令

D. 将图层拖放到"图层"面板下方的"创建新图层"按钮上

(8) 在_____的情况下,可利用图层和图层之间的裁切组关系创建特殊效果。

A. 需要将多个图层进行移动或编辑

B. 需要移动链接的图层

C. 使用一个图层成为另一个图层的蒙版

D. 需要隐藏某图层中的透明区域

(9) 在按住 Alt 键的同时,使用_____将路径选择后,拖拉该路径将会将该路径复制。

A. "钢笔工具"　　　　　　　　　　B. "自由钢笔工具"

C. "直接选择工具"　　　　　　　　D. "移动工具"

(10) 在路径曲线线段上,方向线和方向点的位置决定了曲线段的_____。

A. 角度　　　　　　　　　　　　　B. 形状

C. 方向　　　　　　　　　　　　　D. 像素

(11) 使用"钢笔工具"可以绘制最简单的线条是_____。

A. 直线　　　　　　　　　　　　　B. 曲线

C. 锚点　　　　　　　　　　　　　D. 像素

(12) 下列_____是 Photoshop 图像最基本的组成单元。

A. 节点　　　　　　　　　　　　　B. 色彩空间

C. 像素　　　　　　　　　　　　　D. 路径

(13) 色彩深度是指在一个图像中_____的数量。

A. 颜色　　　　　　　　　　　　　B. 饱和度

C. 亮度　　　　　　　　　　　　　D. 灰度

(14) 如要对当前图层进行锁定透明像素用前景色填充,则按_____键。

A. Ctrl＋Shift＋Delete

B. Ctrl＋Alt＋Delete

C. Alt＋Shift＋Delete

D. Ctrl＋Alt＋Shift＋Delete

3. 实践题

根据本次所学技能设计一个房地产手提袋,主要完成以下两个任务。

(1) 房地产手提袋平面展开效果图设计。

(2) 房地产手提袋立体效果图设计。

图 5-1-42 和图 5-1-43 为参考效果图。

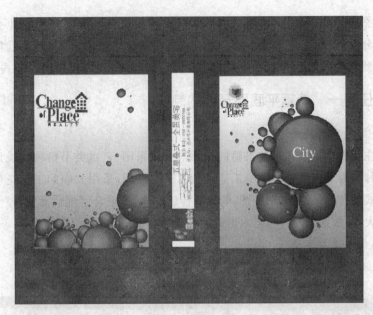

图 5-1-42　房地产手提袋平面展开效果图

图 5-1-43　房地产手提袋立体效果图

5.2　书籍封面设计制作

书籍封面设计要表达一定的"意",但不能随意或任意,而必须按题立意,也就是说,封面设计具有命题性。这里的"意"不仅来自于书名,还来自于书稿的深层意义以及成书后的使用范畴、市场需要等。设计者必须考虑书的全部命题意义,并尽可能做出正确的回答;封面设计不仅要回答命题的指定意义，还要显示设计本身的文化意义。好的设计不仅使书的文化品位得到充分提高，而且艺术美本身总是首先愉悦着读者的心灵，并且永远在潜移默化地作用着所有看到它的人们。所以，好的书籍封面设计应该做到内容与艺术形式的高度统一。

5.2.1　任务一　书籍平面展开图的制作

1. 任务介绍与案例效果

本次任务主要设计一个艺术类书籍的平面展开效果图，艺术类书籍装帧设计应注重艺术性和观赏性，因此，为了从封面中突出工笔绘画图书的性质，采用大幅的工笔花鸟图像作为主题图案。在版式编排上，采用扇形构图，既具有传统韵味，又融合了现代元素，整个版面设计风格简洁、美观、大方，做到了内容与艺术形式的完美结合。最终的设计效果如图 5-2-1 所示。

2. 案例制作方法与步骤

（1）新建一个图像文件，文件的相关参数设置如图 5-2-2 所示。

图 5-2-1　平面展开效果图

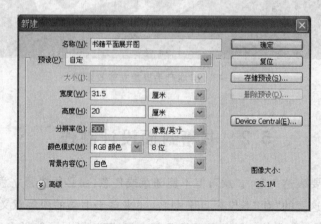

图 5-2-2　文件参数设置

（2）执行"编辑"→"填充"命令，为背景填充米色（R＝204、G＝187、B＝168），然后显示标尺并分别在 15 cm 和 16.5 cm 的水平标尺处创建两条垂直参考线，确定书籍平面图的大致结构，如图 5-2-3 所示。

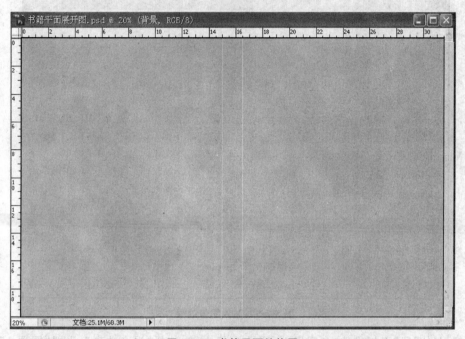

图 5-2-3　书籍平面结构图

（3）在"参考线"右侧用"钢笔工具"绘制一个类似扇形的封闭工作路径，如图 5-2-4 所示。

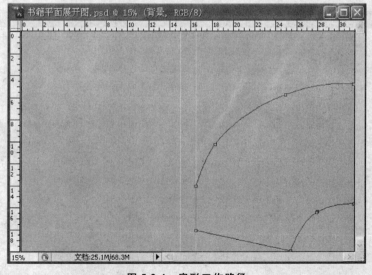

图 5-2-4　扇形工作路径

（4）按 Ctrl＋Enter 键，将扇形工作路径转换为选区。然后打开素材文件"花鸟01.jpg"，并复制该图像。

（5）切换到"书籍平面展开图.psd"文件，执行"编辑"→"贴入"命令，将复制的图像贴入当前选区中，"图层"面板中自动生成"图层 1"。然后调整贴入图像的大小，效果如图 5-2-5 所示。

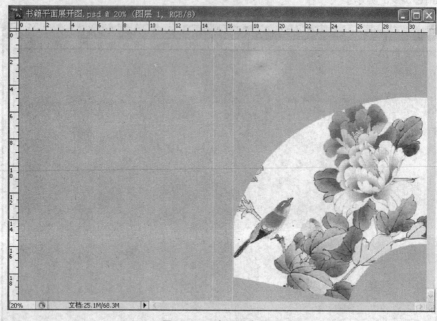

图 5-2-5　贴入图像效果

（6）在"图层"面板中选中"图层 1"，单击鼠标右键，选择"混合选项"，设置"图层 1"的混合模式为"正片叠底"，使贴入图像和背景融为一体，之后再为图层添加"斜面和浮雕"效果，类型选择"枕状浮雕"，其他参数自行合理设置，处理后的图像效果如图 5-2-6 所示。

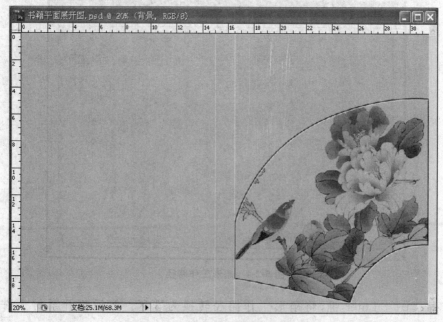

图 5-2-6　处理后的图像效果（花鸟 01）

（7）将素材文件"花鸟 02.jpg"打开并拖入到"书籍平面展开图.psd"文件的左下方，"图层"面板中自动生成"图层 2"。调整拖入图像的大小并更改"图层 2"的混合模式为"正片叠底"，使其融入背景中，效果如图 5-2-7 所示。

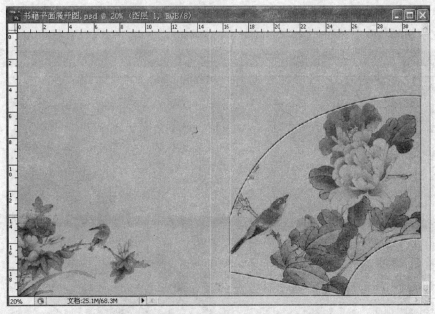

图 5-2-7　处理后的图像效果（花鸟 02）

（8）新建"图层 3"，在两条垂直参考线的中间区域绘制一个矩形选区并用"渐变工具"进行米色（R＝204、G＝187、B＝168）至白色至米色的线性渐变填充作为书脊底色，设置该图层的混合模式为"正片叠底"，使其产生色彩变化，效果如图 5-2-8 所示。

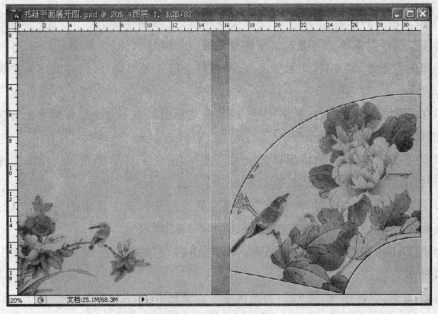

图 5-2-8　书脊效果

（9）取消选区。输入书名"工笔绘画技法精研"，字体为"华文行楷"，为了让书名不单调，将其中的"工笔绘画技法"设置为灰色（R＝124、G＝127、B＝124），大小为 36 点；将"精研"设置为赭石色（R＝151、G＝73、B＝65），大小为 60 点，最后为所有文字添加合适的白色描边效果，如图 5-2-9 所示。

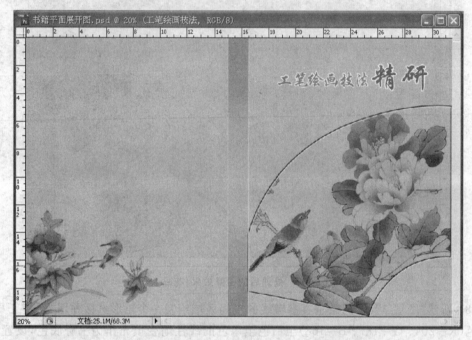

图 5-2-9　书名效果

（10）输入图书的作者、出版社及其他文字内容，文字的字体、大小和颜色可自行设置，并运用绘图工具绘制简单的图案对文字进行修饰。将素材文件"艺术书号.jpg"打开并拖入到当前图像的左下方，将素材"出版标志.psd"打开并拖入到书脊处，此时的图文排版效果如图 5-2-10 所示。

（11）在"图层"面板最上方新建"图层 11"，在扇形图案右下方绘制一个羽化值为 0 像素的正圆选区，如图 5-2-11 所示。

（12）为了方便编辑，可以将编辑区放大。选择"渐变工具"，把光标放在正圆选区中心位置，进行色谱效果的角度渐变填充，效果如图 5-2-12 所示。

（13）通过"编辑"→"描边"命令为当前图层的正圆选区描 2 像素的白边，之后通过"选择"→"变换选区"命令将选区等比例缩小至如图 5-2-13 所示。

（14）按 Delete 键删除选区内的图像。设置"图层 11"的混合模式为"线性减淡"，效果如图 5-2-14 所示。

（15）保留选区，新建"图层 12"，为选区描 3 像素的灰边（R＝75、G＝74、B＝87），向选区中填充浅灰色（R＝201、G＝201、B＝202）至白色的线性渐变，如图 5-2-15 所示。

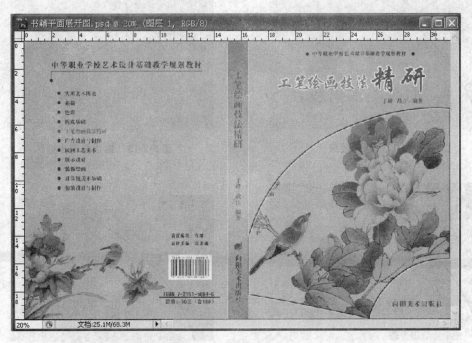

图 5-2-10 图文编排效果

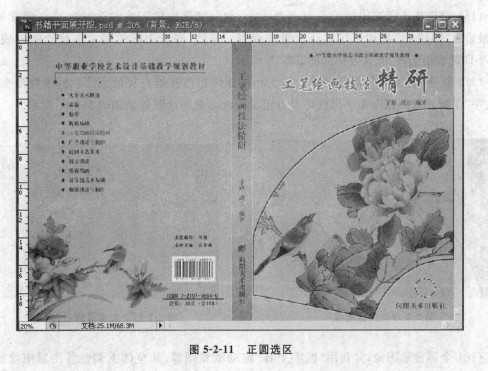

图 5-2-11 正圆选区

图 5-2-12　填充效果

图 5-2-13　描边并缩小选区

图 5-2-14　删除选区图像

图 5-2-15　描边填充效果

　　(16) 再次将选区等比例缩小至合适大小，删除选区内的图像并为选区描 2 像素的白边，最后为"图层 11"添加系统默认设置的投影。至此，光盘图标的基本形状绘制完成，按Ctrl＋D 键取消选区，光盘效果如图 5-2-16 所示。

　　(17) 新建"图层 13"，绘制一个合适大小的圆角矩形并填充灰色至白色的线性渐变，输入文字"附赠光盘一张"，文字属性可自行定义。光盘最终绘制效果如图 5-2-17 所示。

图 5-2-16　光盘图标

图 5-2-17　光盘最终效果图

　　(18) 全屏显示图像，并利用"抓手工具"拖动浏览图像，从整体上调整各图层图像的位置关系，使整个书籍构图更加和谐、均衡。至此书籍平面展开图设计完成，保存文件。

3. 任务知识点解析

可以使用"描边"命令在选区、路径或图层周围绘制彩色边框。如果按此方法创建边框，边框将变成当前图层的栅格化部分。

 注意：要创建可像叠加一样打开或关闭的形状或图层边框，并对它们消除锯齿以创建具有柔化边缘的角和边缘，请使用"描边"图层效果而不是"描边"命令。

（1）选择一种前景色。

（2）选择要描边的区域或图层。

（3）选取"编辑"→"描边"命令。

（4）在"描边"对话框中，指定描边边框的宽度。

（5）"位置"指定是在选区或图层边界的内部、外部还是中心放置边框。

 注意：如果图层内容填充整个图像，则在图层外部应用的描边将不可见。

（6）指定不透明度和混合模式。

（7）如果正在图层中工作，而且只需要对包含像素的区域进行描边，选择"保留透明区域"选项。

5.2.2 任务二 随书光盘封面设计

1. 任务介绍与案例效果

本次任务主要为艺术类书籍设计配套光盘，体现了图像处理技术在图书出版中的重要性。为了与书籍风格保持一致，同样采用大幅的工笔花鸟图像作为主题图案，风格颜色淡雅、大方，同时加上阴影效果体现光盘的立体感。通过上次任务中的光盘图标的制作，已经基本掌握了光盘反面的绘制方法，这里着重介绍光盘封面的绘制技巧。最终设计效果如图5-2-18所示。

图 5-2-18 光盘封面效果图

2. 案例制作方法与步骤

（1）首先设置背景色为乳白色（R＝251、G＝249、B＝236）。然后创建一个新的图像文件，文件的相关参数设置如图 5-2-19 所示。

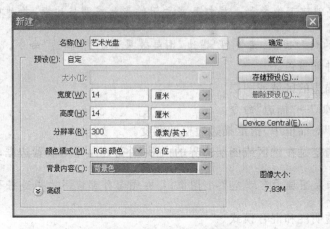

图 5-2-19　文件参数设置

（2）新建"图层 1"，绘制一个正圆选区并填充淡蓝色（R＝220、G＝239、B＝239）作为光盘的基本轮廓。将选区等比例缩小至 96.7%，新建"图层 2"，然后向选区填充米色（R＝204、G＝187、B＝168），两个填充区之间形成一条淡蓝色的边，也就是光盘的边，效果如图 5-2-20 所示。

（3）打开素材文件"花鸟 03.jpg"，并复制该图像。切换到"艺术光盘.psd"文件，执行"编辑"→"贴入"命令，将复制的图像贴入当前选区中，更改图层混合模式为"正片叠底"并适当调整大小，如图 5-2-21 所示。

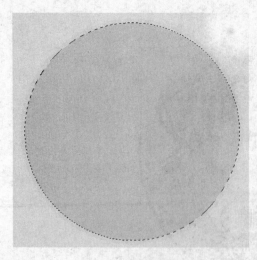

图 5-2-20　光盘蓝边

图 5-2-21　图像贴入

（4）贴入图像后，"图层"面板中会自动生成"图层 3"，原来的选区也转换为图层蒙版。

按住 Ctrl 键的同时单击"图层 3"的蒙版缩略图,调出选区,然后将选区等比例缩小至 33.2%,如图 5-2-22 所示。

(5) 将除背景图层之外的所有图层合并,生成新的"图层 1",按 Delete 键删除选区内的图像。新建"图层 2",以"居外"的方式为选区描 10 像素的蓝灰色边(R=65、G=103、B=128),更改"图层 2"的混合模式为"线性减淡",生成具有透明质感的边,效果如图 5-2-23 所示。

图 5-2-22 选区缩小效果

图 5-2-23 透明质感的边

(6) 确保选区未被取消,新建"图层 3",并自左至右向选区中填充淡蓝色(R=220、G=239、B=239)到白色的线性渐变,如图 5-2-24 所示。

(7) 再次将选区等比例缩小至 50.7%,删除选区内的图像,并以"居外"的方式为选区描 10 像素的蓝灰色边(R=192、G=226、B=225),如图 5-2-25 所示。

图 5-2-24 线性渐变效果

图 5-2-25 抠图描边效果

（8）取消选区，将"图层 1"、"图层 2"、和"图层 3"合并生成新的"图层 1"，再为该图层添加"投影"效果，其中参数设置如图 5-2-26 所示，添加投影后光盘效果如图 5-2-27 所示。

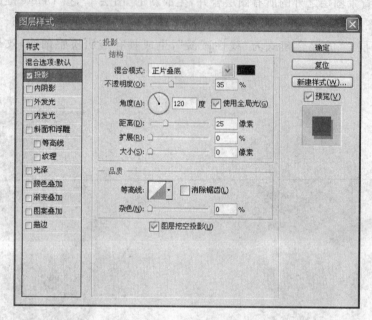

图 5-2-26　"投影"参数设置

（9）输入文字"工笔绘画技法"，字体为"华文行楷"，大小为 26 点，颜色为蓝色。单击属性栏中的"创建文字变形"按钮，对文字进行"扇形"样式变形，其他参数不变。并为文字添加白色描边效果，其中参数可自行设置。编辑后的文字效果如图 5-2-28 所示。

图 5-2-27　投影效果

图 5-2-28　编辑文字效果

（10）输入其他文字内容，并将图片素材"艺术书号.jpg"拖入其中，调整大小，最终完成随书光盘封面的制作,效果如图 5-2-18 所示。

(11) 制作完毕,按 Ctrl+S 键,将文件存储为"艺术光盘.psd"。

3. 任务知识点解析

(1) 关于混合模式

属性栏中指定的混合模式控制图像中的像素如何受绘画或编辑工具的影响。在考虑混合模式的效果时,可以从以下颜色考虑:

- 基色:是图像中的原稿颜色。
- 混合色:是通过绘画或编辑工具应用的颜色。
- 结果色:是混合后得到的颜色。

(2) 为图层或组指定混合模式

图层的混合模式确定了其像素如何与下层像素进行混合。使用混合模式可以创建各种特殊效果。

默认情况下,图层组的混合模式是"穿透",这表示组没有自己的混合属性。为组选取其他混合模式时,可以有效地更改图像各个组成部分的合成顺序:首先将组中的所有图层放在一起。然后,这个复合的组会被视为一幅单独的图像,并利用所选混合模式与图像的其余部分混合。因此,如果为图层组选取的混合模式不是"穿透",则组中的调整图层或图层混合模式将都不会应用于组外部的图层。

 注意:图层没有"清除"混合模式。此外,"颜色减淡"、"颜色加深"、"变暗"、"变亮"、"差值"和"排除"模式不可用于 Lab 图像。适用于 32 位文件的图层混合模式包括:正常、溶解、变暗、正片叠底、线性减淡(添加)、变亮、差值、色相、饱和度、颜色和明度。

① 从"图层"面板中选择一个图层或组。

② 选取混合模式,执行下列操作之一:

- 在"图层"面板中,从"混合模式"菜单中选取一个选项。
- 执行"图层"→"图层样式"→"混合选项"命令,然后从"混合模式"菜单中选取一个选项。

(3) 使文字变形

① 选择文字图层。

② 执行下列操作之一:

- 选择文字工具,并单击属性栏中的"创建文字变形"按钮  。
- 执行"图层"→"文字"→"文字变形"命令。

 **注意:**可以使用"变形"命令来使文字图层中的文字变形:执行"编辑"→"变换"→"变形"命令。

③ 从"样式"菜单中选取一种变形样式。

④ 选择变形效果的方向："水平"或"垂直"。如果需要,可指定其他变形选项的值。

● "弯曲"选项指定对图层应用变形的程度。

● "水平扭曲"或"垂直扭曲"选项对变形应用透视。

5.2.3　任务三　书籍立体效果展示设计

1. 任务介绍与案例效果

本次任务将在前两个任务的基础上,利用已经制作好的平面封面,经过简单的变形操作和投影效果,制作出立体感很强的书籍展示效果图,较好地把内容与艺术形式相结合,以达到吸引读者目光、自我推销的设计理念。最终的设计效果如图 5-2-29 所示。

图 5-2-29　书籍立体效果展示

2. 案例制作方法与步骤

(1) 将"书籍平面展开图.psd"文件打开,存储为"书籍平面展开图.jpg"文件。然后将"书籍平面展开图.jpg"打开,进行平面图分区分层处理(或者将"书籍平面展开图.psd"里除背景图层外的其他图层合并,新生成的图层也可以进行分区分层处理)。先运用"矩形选框工具"选择右侧"书面"平面图,如图 5-2-30 所示。

(2) 然后在选区内单击鼠标右键,选择"通过拷贝的图层"命令,将右侧"书面"平面图转换为"图层 1"。确定当前选择图层为背景图层,依次将中间"书脊"平面图,左侧"书背"平面图,整个平面图都转换为相应的新图层。"图层"面板如图 5-2-31 所示。

(3) 新建一个图像文件,文件的相关参数设置如图 5-2-32 所示。

(4) 将刚才新生成的 4 个图层依次拖入到"艺术类书籍装帧立体图.psd"文件中,这样在该文件中就生成了对应的 4 个新图层,将它们依次重命名为"背景层"、"正面层"、"背面层"、"书脊层"。把"背景层"移到背景图层的上面,将其他 3 个图层隐藏,然后双击将背景图层解锁,并填充由深蓝色至白色的线性渐变,然后设置"背景层"的透明度为 10%,作为整个立体展示平台的背景，如图 5-2-33 所示。

图 5-2-30　选择框大小

图 5-2-31　"图层"面板

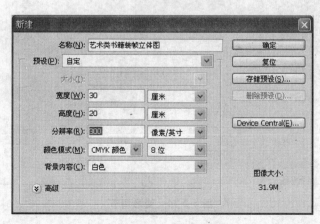

图 5-2-32　文件参数设置

图 5-2-33　背景设置

（5）显示"正面层"，然后运用"编辑"→"自由变换"或"变换"等命令进行大小和形状的调节，效果如图 5-2-34 所示。

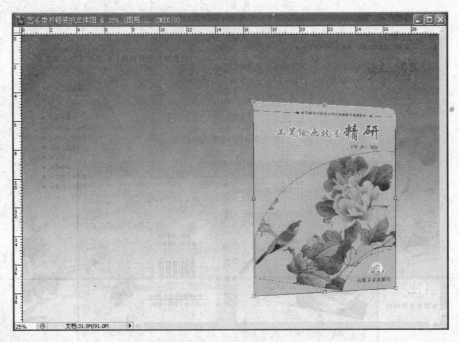

图 5-2-34　变形调节

(6) 显示"书脊层",然后运用"编辑"→"自由变换"或"变换"等命令进行大小、位置和形状的调节,书籍的立体效果就出来了,如图 5-2-35 所示。

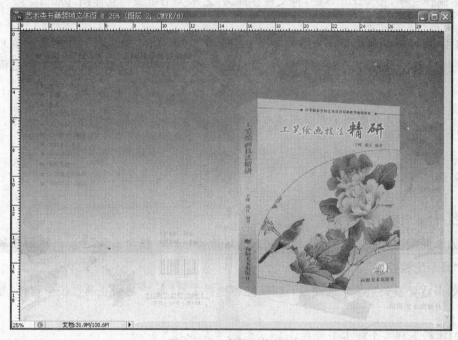

图 5-2-35 书籍立体效果

(7) 将"正面层"和"书脊层"合并生成新图层,重命名为"立体书层",然后复制该层,并进行相应的位置调节,营造出立体感更强的书籍效果,如图 5-2-36 所示。

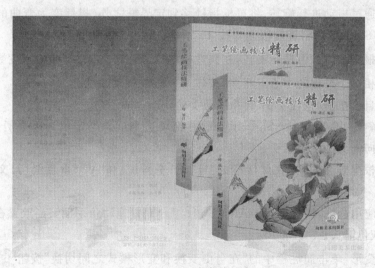

图 5-2-36 两本书的结合

(8) 在"立体书层"上面新建一个图层,在该图层中绘制出一个梯形选区,填充从淡蓝色至白色的线性渐变,然后用上面类似的方法把"艺术光盘. psd"文件中的光盘图像也拖入到

"艺术类书籍装帧立体图.psd"文件中,并用前面介绍的方法做出两个光盘并进行相应位置调整,最终的立体书籍效果如图 5-2-29 所示。

(9) 制作完毕,按 Ctrl+S 键,将文件存储为"艺术类书籍装帧立体图.psd"。

3. 任务知识点解析

"自由变换"命令可用于在连续的操作中应用变换(旋转、缩放、斜切、扭曲和透视),也可以应用变形变换。不必选取其他命令,只需在键盘上按住一个键,即可在变换类型之间进行切换。

 注意:如果要变换某个形状或整个路径,"变换"命令将变为"变换路径"命令。如果要变换多个路径段(而不是整个路径),"变换"命令将变为"变换点"命令。

(1) 选择要变换的对象。

(2) 执行下列操作之一:

● 执行"编辑"→"自由变换"命令。

● 如果要变换选区、基于像素的图层或选区边界,选取"移动工具"。然后在属性栏中选择"显示变换控件"。

● 如果要变换矢量形状或路径,选择"路径选择工具"。然后在属性栏中选择"显示定界框"。

(3) 执行下列一个或多个操作:

● 如果要通过拖动进行缩放,可拖动手柄。拖动角手柄时按住 Shift 键可按比例缩放。

● 如果要根据具体数值进行缩放,可在属性栏的"宽度"和"高度"文本框中输入百分比。单击"链接"图标 以保持长宽比。

● 如果要通过拖动进行旋转,将鼠标指针移到定界框之外(指针变为弯曲的双向箭头),然后拖动。按 Shift 键可将旋转限制为按 15°增量进行。

● 如果要根据具体数值进行旋转,在属性栏的"旋转"文本框 中输入度数。

● 如果要相对于外框的中心点扭曲,按住 Alt 键并拖动手柄。

● 如果要自由扭曲,按住 Ctrl 键并拖动手柄。

● 如果要斜切,按住 Ctrl+Shift 组合键并拖动边手柄。当定位到边手柄上时,指针变为带一个小双向箭头的白色箭头。

● 如果要根据数字斜切,在属性栏的"H"(水平斜切)和"V"(垂直斜切)文本框中输入角度。

● 如果要应用透视,按住 Ctrl+Alt+Shift 组合键并拖动角手柄。当放置在角手柄上方时,指针变为灰色箭头。

● 如果要变形,单击属性栏中的"在自由变换和变形模式之间切换"按钮 。拖动控制点以变换项目的形状,或从属性栏中的"变形"菜单中选取一种变形样式。从"变形"菜单中选取一种变形样式之后,可以使用方形手柄来调整变形的形状。

● 如果要更改参考点,单击属性栏中参考点定位符 上的方块。

● 如果要移动项目,在属性栏的"X"(水平位置)和"Y"(垂直位置)文本框中输入参考点的新位置的值。单击"使用参考点相关定位"按钮 △ 可以相对于当前位置指定新位置。

 注意:要还原上一次手柄调整,可执行"编辑"→"还原"命令。

(4) 执行下列操作之一:

● 如果要确定变换,可按 Enter 键,或单击属性栏中的"进行变换"按钮 ✔,或者在变换选框内双击。

● 如果要取消变换,按 Esc 键,或单击属性栏中的"取消变换"按钮 ⊘ 。

注意:当变换位图图像时(与形状或路径相对),每次提交变换时它都变得略为模糊。因此,在应用渐增变换之前执行多个命令要比分别应用每个变换更可取。

5.2.4　思考与练习

1. 填空题

(1) 通过"_____工具"可以对图像大小进行调节,通过"_____工具"可以对图像进行变形操作。

(2) 可以用"_____"命令在选区、路径或图层周围绘制彩色边框。

(3) 如果要变换某个形状或整个路径,"变换"命令将变为"_____"命令。如果要变换多个路径段(而不是整个路径),"变换"命令将变为"_____"命令。

(4) 可以使用"_____"命令来使文字图层中的文字变形。

(5) 图层的_____确定了其像素如何与下层像素进行混合。

(6) 默认情况下,图层组的混合模式是"_____",这表示组没有自己的混合属性。

2. 选择题

(1) 图像必须是_____模式,才可以转换为位图模式。

A. RGB　　　　　B. 灰度　　　　　C. 多通道　　　　　D. 索引颜色

(2) 在双色调模式中双色调曲线的作用是_____。

A. 决定专色在图像中的分布

B. 决定陷印在图像中的分布

C. 决定 CMYK Profile(概貌)在图像中的分布

D. 决定超出色域范围的色彩如何在图像中的校正

(3) 索引颜色模式的图像包含_____种颜色。

A. 2　　　　　　B. 256　　　　　C. 约 65 000　　　　D. 1 670 万

(4) _____模式的图像转换为多通道模式时,建立的通道名称均为 Alpha。

A. RGB　　　　　B. CMYK　　　　　C. Lab　　　　　D. 多通道

(5) 当图像是_____模式时,所有的滤镜都不可以使用(假设图像是 8 位/通道)。

A. CMYK　　　　　B. 灰度　　　　　C. 多通道　　　　　D. 索引颜色

（6）CMYK 模式的图像有_____个颜色通道。

A. 1　　　　　　　　B. 2　　　　　　　　C. 3　　　　　　　　D. 4

（7）如果正在处理一幅图像，导致有一些滤镜不可以选时，应该_____。

A. 关闭虚拟内存

B. 检查在预置中增效文件夹搜寻路径

C. 删除 Photoshop 的预置文件，然后重设

D. 确认软插件在文件中

（8）_____能显示关联菜单。

A. 双击图像

B. 按住 Alt 键的同时单击鼠标

C. 按住 Ctrl 键的同时在图像上单击鼠标右键

D. 将鼠标放在工具箱的工具上

（9）_____能以 100% 的比例显示图像。

A. 在图像上按住 Alt 键的同时单击鼠标

B. 选择"视图"→"按屏幕大小缩放"命令

C. 双击"抓手工具"

D. 双击"缩放工具"

3. 实践题

根据本次所学技能设计一个文学类书籍装帧，主要完成以下 3 个任务。

（1）书籍封面的平面展开效果设计。

（2）绘制与之配套的书签。

（3）绘制书籍装帧立体效果图。

图 5-2-37、图 5-2-38 和图 5-2-39 为参考效果图。

图 5-2-37　书籍封面的平面展开效果

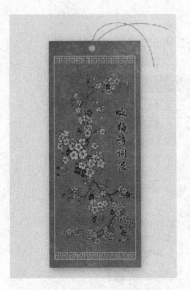

图 5-2-38 书签效果图

图 5-2-39 书籍装帧立体效果图

5.3 包装盒设计制作

包装设计即指选用合适的包装材料,运用巧妙的工艺手段,为包装产品进行的容器结构造型和包装的美化装饰设计。包装的功能是保护产品、传达产品信息、方便产品的使用和运输,并促进销售。包装作为实现商品价值和使用价值的手段,在生产、流通、销售和消费领域中,发挥着重要的作用。

5.3.1 任务一 包装盒平面展开图的制作

1. 任务介绍与案例效果

本次任务主要设计一个饼干包装盒的平面展开效果图,因为该饼干的消费群体主要为儿童,根据儿童特点,本次的设计主要从以下两方面着手:一是包装色彩,采用红色为主色调,因为红色往往是最能激发人们食欲的色彩;二是整体造型,主打卡通形象,以可爱的小熊图案作为点缀,同时将商品名称也设计成卡通字体和五彩颜色,让包装效果更加生动形象。同时添加许多具有现代设计风格的元素,尽可能地引起消费者的购买欲望。最终的设计效果如图 5-3-1 所示。

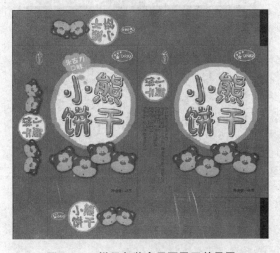

图 5-3-1 饼干包装盒平面展开效果图

2. 案例制作方法与步骤

(1) 新建一个图像文件,文件的相关参数设置如图 5-3-2 所示。

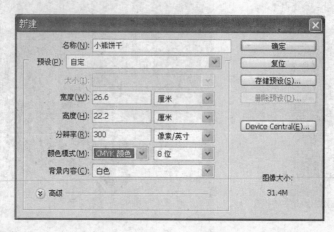

图 5-3-2 文件参数设置

(2) 执行"编辑"→"填充"命令,为背景填充黑色,然后显示标尺,设置参考线。已知小熊饼干包装盒的长为 9 cm,宽为 3.4 cm,高为 14.8 cm,上下及左右各 0.3 cm 的出血尺寸,所以参考线设置如下:选择"移动工具",在标尺上拖动鼠标创建参考线(也可以通过"视图"→"新建参考线"命令设置参考线),分别拖动参考线到垂直取向中的 0.3、3.4、12.4、15.8、24.8 cm 及水平取向中的 0.3、18.2、21.9 cm 的位置上,确定包装盒平面图的大致结构,如图 5-3-3 所示。

(3) 选择"矩形工具",根据参考线绘制出包装盒的各个面,并填充红色(C=10、M=100、Y=100、K=0),如图 5-3-4 所示。

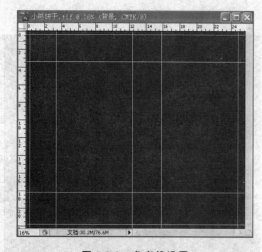

图 5-3-3 参考线设置

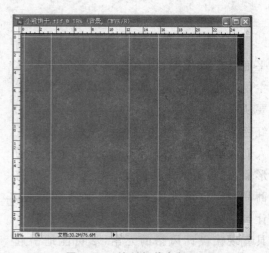

图 5-3-4 绘制包装盒版面

(4) 运用"椭圆选框工具"在包装盒正面绘制一个正圆形,并填充白色。图层名称改为

"形状 14"，作为放置产品名称的底色层，如图 5-3-5 所示。

（5）将前景色设置为橘红色（C＝0、M＝50、Y＝100、K＝0），选择"画笔工具"，在属性栏画笔预设中选择中至大头"油彩笔"，然后新建"图层 1"，沿着白色圆形的边缘绘制一条橘红色的边框，效果如图 5-3-6 所示。

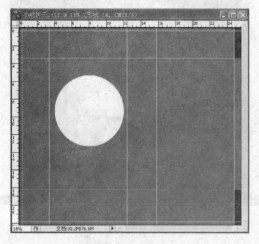

图 5-3-5　绘制正圆

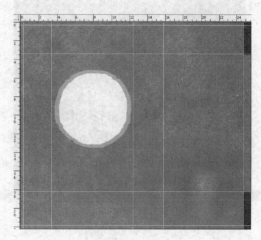

图 5-3-6　绘制边缘

（6）将素材图片"小熊.tif"打开，将其拖到"小熊饼干.psd"文件窗口中，生成"图层 2"，用快捷键 Ctrl＋T 打开"自由变换"命令，调整小熊的大小和角度到合适位置。然后设置"图层 2"的混合模式为"投影"，其他参数自行合理设置，效果如图 5-3-7 所示。

（7）用 Ctrl＋J 快捷键复制"图层 2"，调整适当角度。然后重复以上操作，制作出 4 个小熊的图形，效果如图 5-3-8 所示。

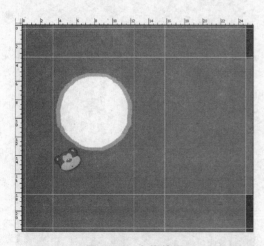

图 5-3-7　小熊效果

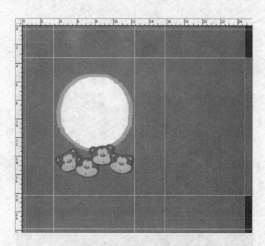

图 5-3-8　复制小熊图形

（8）将素材图片"商标.tif"打开，将其拖到"小熊饼干.psd"文件窗口中，生成"图层 3"，放置在"正圆"图形的右上角，如图 5-3-9 所示。

（9）在包装盒正面右下角输入文字"净含量：45 克"，设置字体为黑体，颜色为黑色，大小为 10 点，如图 5-3-10 所示。

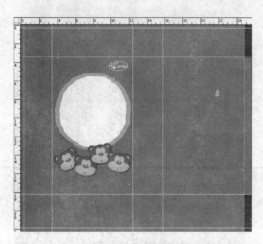

图 5-3-9　添加商标

图 5-3-10　添加文字

（10）分别输入文字"小"，字体为"少儿简体"（如果没有可以从网络下载字体安装），大小为 125 点，颜色为蓝色（C＝100、M＝50、Y＝0、K＝0），输入"熊"字，大小为 125 点，颜色为黄色（C＝0、M＝30、Y＝100、K＝0），输入"饼"字，大小为 125 点，颜色为红色（C＝10、M＝100、Y＝100、K＝0），输入"干"字，大小为 125 点，颜色为绿色（C＝55、M＝0、Y＝100、K＝0），如图 5-3-11 所示。

（11）将"小"、"熊"、"饼"、"干"4 个图层合并为"干"图层。按住 Ctrl 键，在"图层"面板中单击"干"图层缩览图，载入该图层选区，如图 5-3-12 所示。

图 5-3-11　输入"小熊饼干"文字

图 5-3-12　载入选区

（12）选中"干"图层，选择"选择"→"修改"→"收缩"命令，弹出"收缩选区"对话框，设置收缩值为"16 像素",对选区进行收缩,如图 5-3-13 所示。

(13) 新建"图层 4",设置前景色为白色,按 Alt＋Delete 键填充选区为前景色,再按 Ctrl＋D 键取消选区,如图 5-3-14 所示。

图 5-3-13　收缩选区

图 5-3-14　填充选区

(14) 选中"图层 4",选择"滤镜"→"模糊"→"高斯模糊"命令,设置半径为"18 像素",进行高斯模糊,效果如图 5-3-15 所示。

(15) 选中"图层 4",设置该图层的混合模式为"颜色减淡",效果如图 5-3-16 所示。

图 5-3-15　高斯模糊效果

图 5-3-16　图层颜色减淡

(16) 按住 Ctrl 键,在"图层"面板中单击"干"图层缩览图,载入"小熊饼干"4 个字的选区。打开"通道"面板,单击"将选区存储为通道"按钮,新建"Alpha 1"通道,如图 5-3-17 所示。

(17) 选中"Alpha 1"通道,选择"滤镜"→"模糊"→"高斯模糊"命令,设置半径为"18

像素",进行高斯模糊,然后依次选择该命令 3 次,设置半径参数依次为 9、4、2。按 Ctrl＋Shift＋I 组合键反选选区,按 Delete 键删除,最后按 Ctrl＋D 键取消选区,效果如图 5-3-18 所示。

图 5-3-17　选区存储为通道

图 5-3-18　模糊选区

(18) 回到"图层"面板,按住 Ctrl 键,在"图层"面板中单击"干"图层缩览图,载入选区。新建"图层 5",并使其在所有图层的最上面。设置前景色为黑色,按 Alt＋Delete 键填充选区为前景色,再按 Ctrl＋D 键取消选区,效果如图 5-3-19 所示。

(19) 选中"图层 5",设置该图层的混合模式为"滤色",效果如图 5-3-20 所示。

图 5-3-19　填充选区

图 5-3-20　图层滤色

(20) 选择"图像"→"模式"→"RGB 颜色"命令,将文件的颜色模式转为 RGB 模式 (Photoshop 的很多滤镜必须要在 RGB 的颜色模式下才可以使用,所以在此需要将图像模式进行转换),在弹出的提示框中单击"不拼合"按钮,如图 5-3-21 所示。

图 5-3-21 颜色模式转换

(21) 选中"图层 5",选择"滤镜"→"渲染"→"光照效果"命令,弹出"光照效果"对话框,参数设置如图 5-3-22 所示,效果如图 5-3-23 所示。

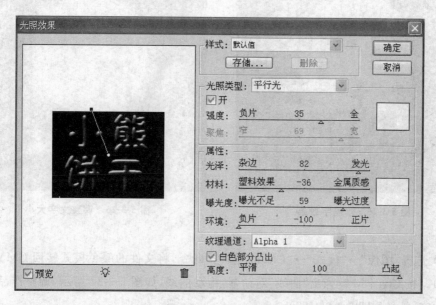

图 5-3-22 参数设置

(22) 选中"图层 5",选择"图像"→"调整"→"曲线"命令,弹出"曲线"对话框,在曲线图中单击建立两个新点,曲线路线设置如图 5-3-24 所示,做出水晶字效果,如图 5-3-25 所示。

(23) 同时选择"图层 5"、"图层 4"、"干"图层,再按 Ctrl+E 键合并为"图层 5",然后按 Ctrl+T 键调整图形大小,将其放到白色圆形中,如图 5-3-26 所示。

图 5-3-23　光照效果

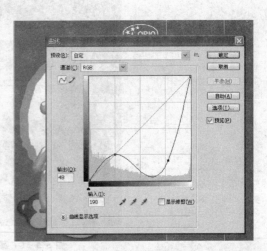

图 5-3-24　曲线调整

图 5-3-25　水晶字效果

图 5-3-26　调整文字大小

　　(24) 选择"图像"→"模式"→"CMYK 颜色"命令,将文件的颜色模式转回 CMYK 模式(不拼合)。按 Ctrl＋M 键弹出"曲线"对话框,拖动曲线,如图 5-3-27 所示,调整产品名称的颜色饱和度,效果如图 5-3-28 所示。

　　(25) 选中"图层 5",用"套索工具"框选出"熊"字,按 Ctrl＋T 键进入自由变换模式,将"熊"字向右旋转并调整到合适位置。用同样的方法调整其他 3 个字的角度,使产品名称的造型更加可爱,如图 5-3-29 所示。

　　(26) 选择"编辑"→"描边"命令,弹出"描边"对话框,设置宽度为 5 像素,颜色为黑色,位置为"居中",进行描边。然后重复"描边"命令,设置宽度为 10 像素,颜色为白色,位置为"居外",进行描边,效果如图 5-3-30 所示。

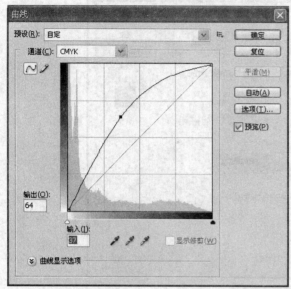

图 5-3-27　曲线调整

图 5-3-28　颜色饱和度效果

图 5-3-29　调整文字角度

图 5-3-30　描边效果

　　(27) 选中"图层 5"，单击"图层"面板中的"添加图层样式"按钮，在列表中选择"投影"，弹出"图层样式"对话框，参数设置如图 5-3-31 所示，为产品名称添加投影效果，效果如图 5-3-32 所示。

　　(28) 选择"自定形状工具"，在属性栏中选择模式为"形状图层"，形状为"思考 2"。颜色为橘黄色(C＝0、M＝50、Y＝100、K＝0)。在产品名称上方的位置拖动绘制图形，生成"形状 15"图层。选择"编辑"→"变换路径"→"水平翻转"命令，使图形水平翻转，如图 5-3-33 所示。

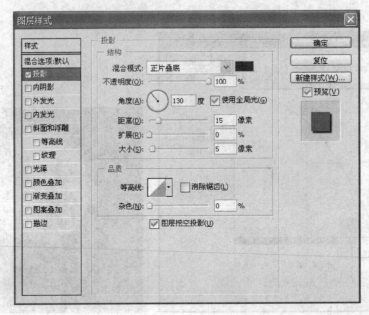

图 5-3-31　参数设置

图 5-3-32　投影效果

图 5-3-33　绘制图形

　　(29) 选中"形状 15"图层,单击"图层"面板中的"添加图层样式"按钮,在列表中选择"投影",弹出"图层样式"对话框,设置投影颜色为(C=0、M=30、Y=100、K=0),其他参数设置如图 5-3-34 所示,为图形添加投影效果,如图 5-3-35 所示。

　　(30) 输入文字"朱古力口味",设置字体为"少儿简体",大小为 19 点,颜色为白色。用"自由变换"命令旋转文字到合适角度,如图 5-3-36 所示。

　　(31) 同时选择"图层 1"、"形状 14"和"图层 5"图层,用鼠标拖到"创建新图层"按钮上进行复制,然后按 Ctrl+E 键合并为"图层 5 副本",用"移动工具"将其拖到盒底的位置上,然后调整合适大小。用同样的方法,复制"图层 3"、"图层 2"及"图层 2 副本 2",用"移动工具"将其拖到盒底的位置上,并用"自由变换"命令调整位置及大小,如图 5-3-37 所示。

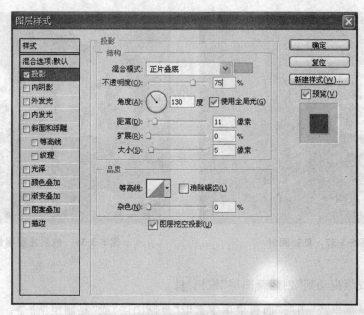

图 5-3-34　参数设置

图 5-3-35　投影效果

图 5-3-36　输入文字

（32）制作包装盒其他面的图案。利用上面的方法复制相应的图层，并利用"移动工具"和"自由变换"命令将他们放置到相应的位置上，如图 5-3-38 所示。

（33）输入产品的相关信息文字，在属性栏中设置字体为黑体，大小为 10 点，颜色为黑色，按 Ctrl＋T 键将字体顺时针旋转 90°，放在包装盒的侧面。

（34）制作完毕，按 Ctrl＋S 键，将文件存储为"小熊饼干.psd"。

3．任务知识点解析

（1）复制图层

① 在图像内复制图层或组

在"图层"面板中选择一个图层或组，执行下列操作之一：

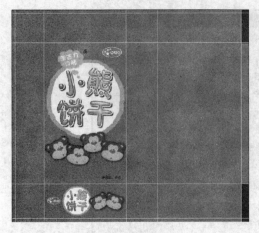
图 5-3-37　复制图形

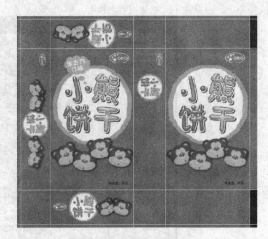
图 5-3-38　包装盒图案设置

● 将图层或组拖动到"创建新图层"按钮 。

● 从"图层"菜单或"图层"面板菜单中选取"复制图层"或"复制组"命令。输入图层或组的名称,然后单击"确定"。

② 在图像之间复制图层或组

打开源图像和目标图像。在源图像的"图层"面板中,选择一个或多个图层或选择一个图层组。执行下列操作之一:

● 将图层或组从"图层"面板拖动到目标图像中。

● 选择"移动工具" ,将图层或组从源图像拖动到目标图像。在目标图像的"图层"面板中,复制的图层或组将出现在现用图层的上面。按住 Shift 键并拖动,可以将图像内容定位于它在源图像中占据的相同位置(如果源图像和目标图像具有相同的像素大小),或者定位于文档窗口的中心(如果源图像和目标图像具有不同的像素大小)。

● 从"图层"菜单或"图层"面板菜单中选取"复制图层"或"复制组"命令。从"文档"菜单中选取目标文档,然后单击"确定"按钮。

● 执行"选择"→"全部"命令以选择源图像图层上的全部像素,然后执行"编辑"→"拷贝"命令。再在目标图像中执行"编辑"→"粘贴"命令。

③ 从图层或组创建新文档

在"图层"面板中选择一个图层或组。从"图层"菜单或"图层"面板菜单中选取"复制图层"或"复制组"命令。从"文档"菜单中选取"新建",然后单击"确定"按钮。

(2) 使用滤镜

通过使用滤镜,可以清除和修饰照片,能够为图像提供素描或印象派绘画外观的特殊艺术效果,还可以使用扭曲和光照效果创建独特的变换。Adobe 提供的滤镜显示在"滤镜"菜单中。第三方开发商提供的某些滤镜可以作为增效工具使用。在安装后,这些增效工具滤镜出现在"滤镜"菜单的底部。

要使用滤镜,可从"滤镜"菜单中选取相应的命令。以下原则可以用户选取滤镜:

● 滤镜应用于现用的可见图层或选区。

● 对于 8 位/通道的图像,可以通过"滤镜库"累积应用大多数滤镜。所有滤镜都可以单独应用。

● 不能将滤镜应用于位图模式或索引颜色的图像。

● 有些滤镜只对 RGB 图像起作用。

● 可以将所有滤镜应用于 8 位图像。

● 可以将下列滤镜应用于 16 位图像:液化、消失点、平均模糊、模糊、进一步模糊、方框模糊、高斯模糊、镜头模糊、动感模糊、径向模糊、表面模糊、形状模糊、镜头校正、添加杂色、去斑、蒙尘与划痕、中间值、减少杂色、纤维、云彩 1、云彩 2、镜头光晕、锐化、锐化边缘、进一步锐化、智能锐化、USM 锐化、浮雕效果、查找边缘、曝光过度、逐行、NTSC 颜色、自定、高反差保留、最大值、最小值以及位移。

● 可以将下列滤镜应用于 32 位图像:平均模糊、方框模糊、高斯模糊、动感模糊、径向模糊、形状模糊、表面模糊、添加杂色、云彩 1、云彩 2、镜头光晕、智能锐化、USM 锐化、逐行、NTSC 颜色、浮雕效果、高反差保留、最大值、最小值以及位移。

● 有些滤镜完全在内存中处理。如果可用于处理滤镜效果的内存不够,将会发出一条错误消息。

(3) 曲线概述

可以使用"曲线"对话框或"色阶"对话框来调整图像的整个色调范围。"曲线"对话框可以在图像的色调范围(从阴影到高光)内最多调整 14 个不同的点。"色阶"对话框仅包含 3 种调整(白场、黑场和灰度系数)。也可以使用"曲线"对话框对图像中的个别颜色通道进行精确调整。可以将"曲线"对话框设置存储为预设。

在"曲线"对话框中,色调范围显示为一条直的对角基线,因为输入色阶(像素的原始强度值)和输出色阶(新颜色值)是完全相同的。

 注意:当在"曲线"对话框中调整色调范围之后,Photoshop 将继续显示该基线作为参考。要隐藏该基线,可关闭"曲线显示选项"中的"基线"。

(4) 存储选区

可以将任何选区存储为新的或现有的 Alpha 通道中的蒙版。

① 将选区存储到新通道

选择要隔离的图像的一个或多个区域。单击"通道"面板底部的"将选区存储为通道"按钮 ⬚ 。新通道即出现,并按照创建的顺序命名。

② 将选区存储到新的或现有的通道

使用选区工具选择想要隔离的图像区域。执行"选择"→"存储选区"命令。在"存储选区"对话框中指定以下各项,然后单击"确定"按钮:

● 文档:为选区选取一个目标图像。默认情况下,选区放在现用图像的通道内。可以选择将选区存储到其他打开的且具有相同像素尺寸的图像的通道中,或存储到新图像中。

● 通道：为选区选取一个目标通道。默认情况下，选区存储在新通道中。可以选择将选区存储到选中图像的任意现有通道中，或存储到图层蒙版中（如果图像包含图层）。

如果要将选区存储为新通道，可在"名称"文本框中为该通道键入一个名称。如果要将选区存储到现有通道中，可选择组合选区的方式：

● 替换通道：替换通道中的当前选区。

● 添加到通道：将选区添加到当前通道内容。

● 从通道中减去：从通道内容中删除选区。

● 与通道交叉：保留与通道内容交叉的新选区的区域。

可在"通道"面板中选择通道以查看以灰度显示的存储选区。

5.3.2 任务二 包装盒立体效果制作

1. 任务介绍与案例效果

本次任务将在前面任务的基础上，利用已经做好的平面效果图，经过自由变换和添加艺术特效等操作，制作出包装盒的立体效果图，以淡黄色背面加以衬托，以最佳的设计理念、最美的艺术效果展现设计作品，以达到吸引消费者购买的目的。最终的设计效果如图 5-3-39 所示。

图 5-3-39 饼干包装盒立体效果图

2. 案例制作方法与步骤

（1）新建一个图像文件，文件的相关参数设置如图 5-3-40 所示。

（2）打开"小熊饼干.psd"文件，选择"图层"→"拼合图像"命令，将所有图层合并为背景图层。选择"矩形选框工具"，结合参考线选择包装盒的正面，按 Ctrl＋C 键进行复制，选择"小熊饼干立体效果图.psd"文件窗口，按 Ctrl＋V 键将复制内容粘贴到该文件中。重复上述步骤，依次将包装盒左侧面、反面、下底面、右侧面粘贴到"小熊饼干立体效果图.psd"文件中，分别生成为"图层 1"～"图层 5"，如图 5-3-41 所示。

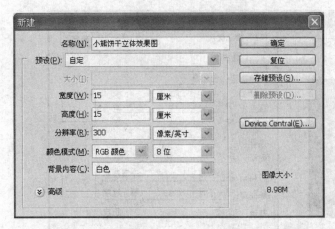

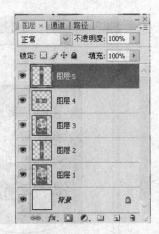

图 5-3-40 文件参数设置 　　　　　　　　　图 5-3-41 "图层"面板

（3）将"图层 3"、"图层 4"、"图层 5"隐藏，运用"自由变换"、"透视"等命令对"图层 1"、"图层 2"进行合理调整，组成长方形的包装盒立面，如图 5-3-42 所示。

（4）选中"图层 2"，选择"图像"→"调整"→"色相/饱和度"命令，在弹出的对话框中设置饱和度为 15，明度为－30，使盒子的两个面在色差上区分开来，更有立体感，如图 5-3-43 所示。

图 5-3-42 包装盒立面 　　　　　　　　　图 5-3-43 添加颜色饱和度

（5）将"图层 1"、"图层 2"合并为"图层 1"，选择"滤镜"→"渲染"→"光照效果"命令，弹出"光照效果"对话框，参数设置如图 5-3-44 所示，添加光照效果，加强盒子的立体感，效果如图 5-3-45 所示。

（6）将"图层 3"、"图层 4"、"图层 5"用上述方法制作成横卧的立体包装盒（注意添加相应特效渲染），效果如图 5-3-46 所示。

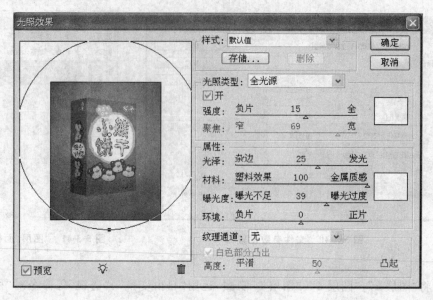

图 5-3-44　参数设置

图 5-3-45　光照效果

图 5-3-46　包装盒横卧面

（7）将前景色设置为（R=255、G=220、B=30），选择背景图层，按 Alt＋Delete 键填充前景色。将前景色再设置为（R=248、G=241、B=181），用"画笔工具"在画布上随意单击，使背景看起来更丰富，效果如图 5-3-47 所示。

（8）选择"多边形套索工具"，在盒子的下方绘制出投影的形状，按 Alt＋Ctrl＋D 键，弹出"羽化选区"对话框，设置羽化半径为"10 像素"，如图 5-3-48 所示。

（9）设置前景色为褐色（R=188、G=100、B=29），新建"图层 2"，选择"画笔工具"，在属性栏"画笔预设"中选择柔边圆形画笔 500 像素，然后在选区内连续单击绘制出盒子的投影，最后取消选区，效果如图 5-3-39 所示。

（10）制作完毕，按 Ctrl＋S 键，将文件存储为"小熊饼干立体效果图.psd"。

图 5-3-47 绘制背景

图 5-3-48 绘制投影形状

3. 任务知识点解析

使用"色相/饱和度"命令,可以调整图像中特定颜色分量的色相、饱和度和亮度,或者同时调整图像中的所有颜色。此命令尤其适用于微调 CMYK 图像中的颜色,以便它们处在输出设备的色域内。

可以存储"色相/饱和度"对话框中的设置,并加载它们以供在其他图像中重复使用。

(1) 要打开"色相/饱和度"对话框,执行下列操作之一:

● 执行"图像"→"调整"→"色相/饱和度"命令。

● 选择"图层"→"新建调整图层"→"色相/饱和度"命令,在"新建图层"对话框中单击"确定"按钮。在对话框中显示有两个颜色条,它们以各自的顺序表示色轮中的颜色。上面的颜色条显示调整前的颜色,下面的颜色条显示调整如何以全饱和状态影响所有色相。

(2) 使用"编辑"菜单选择要调整哪些颜色:

● 选取"全图"可以一次调整所有颜色。

● 为要调整的颜色选取列出的其他一个预设颜色范围。

(3) 对于"色相",输入一个值或拖移滑块,直至对颜色满意为止。

文本框中显示的值反映像素原来的颜色在色轮中旋转的度数。正值表明顺时针旋转,负值表明逆时针旋转。值的范围可以是 -180～+180。

(4) 对于"饱和度",输入一个值,或将滑块向右拖移增加饱和度,向左拖移减少饱和度。颜色将变得远离或靠近色轮的中心。值的范围可以是 -100(饱和度减少的百分比,使颜色变暗)～+100(饱和度增加的百分比,使颜色变亮)。

(5) 对于"明度",输入一个值,或者向右拖动滑块以增加亮度(向颜色中增加白色)或向左拖动以降低亮度(向颜色中增加黑色) 值的范围可以是 -100(黑色的百分比)～+100(白色的百分比)。

 注意:单击"复位"按钮可取消"色相/饱和度"对话框中的设置。按 Alt 键可将"取消"按钮更改为"复位"按钮。

5.3.3　思考与练习

1. 填空题

(1) 在"色相/饱和度"对话框中，"色相"的取值范围是从 _____ 到 _____。

(2) 单击"_____"按钮可取消"色相/饱和度"对话框中的设置。

(3) 可以使用"_____"对话框或"_____"对话框来调整图像的整个色调范围。

(4) 可以将所有滤镜应用于 _____ 位图像。

(5) 如果要将选区存储为新通道，可在"_____"文本框中为该通道键入一个名称。

2. 选择题

(1) 为了确定"磁性套索工具"对图像边缘的敏感程度，应调整下列 _____ 数值。

A. 容差　　　　　　B. 边对比度　　　　　C. 颜色容差　　　　　D. 套索宽度

(2) "变换选区"命令不可以对选区进行 _____ 编辑。

A. 缩放　　　　　　B. 变形　　　　　　　C. 不规则变形　　　　D. 旋转

(3) 在路径曲线线段上，方向线和方向点的位置决定了曲线段的 _____。

A. 角度　　　　　　B. 形状　　　　　　　C. 方向　　　　　　　D. 像素

(4) 若想使各颜色通道以彩色显示，应选择下列 _____ 命令设定。

A. 显示与光标　　　　　　　　　　　　B. 图像高速缓存

C. 透明度与色域　　　　　　　　　　　D. 单位与标尺

(5) Alpha 通道最主要的用途是 _____。

A. 保存图像色彩信息　　　　　　　　　B. 创建新通道

C. 用来存储和建立选区　　　　　　　　D. 为路径提供的通道

(6) 移动图层中的图像时，如果每次需移动 10 像素的距离，应 _____。

A. 按住 Alt 键的同时按键盘上的箭头键

B. 按住 Tab 键的同时按键盘上的箭头键

C. 按住 Ctrl 的同时按键盘上的箭头键

D. 按住 Shift 键的同时按键盘上的箭头键

(7) _____ 类型的图层可以将图像自动对齐和分布。

A. 调整图层　　　　B. 链接图层　　　　　C. 填充图层　　　　　D. 背景图层

(8) 滤镜中的 _____ 效果，可以使图像呈现塑料纸包住的效果；该滤镜使图像表面产生高光区域，好像用塑料纸包住物体时产生的效果。

A. 塑料包装　　　　B. 塑料效果　　　　　C. 基底凸显　　　　　D. 底纹效果

(9) 在 Photoshop CS3 中 _____ 是最重要、最精彩、最不可缺少的一部分，是一种特殊的软件处理模块，也是一种特殊的图像效果处理技术。

A. 图层　　　　　　B. 蒙版　　　　　　　C. 工具　　　　　　　D. 滤镜

(10) Photoshop 生成的文件默认的文件格式扩展名为 _____。

A. jpg　　　　　　 B. pdf　　　　　　　　C. psd　　　　　　　　D. tif

(11) 下列_____格式支持图层。

A. PSD   B. JPG   C. BMP   D. DCS 2.0

3. 实践题

根据本次所学技能设计一个鲜橙汁的包装盒。本次实践主要从包装色彩和造型两方面进行创意。从色彩上,采用绿色和黄色作为主色调,一是突出产品性质为绿色食品,二是增强人们的购买欲望。从整体造型来看,打破了传统方盒式的包装外形,添加了许多具有现代设计风格的元素。主要完成以下两个任务。

(1) 鲜橙汁包装盒平面效果图设计。

(2) 鲜橙汁包装盒立体效果图设计。

图 5-3-49 和图 5-3-50 为参考效果图。

图 5-3-49　鲜橙汁包装盒平面效果图

图 5-3-50　鲜橙汁包装盒立体效果图

第 6 章　Photoshop CS3 应用——软件美工设计

6.1　网页界面设计制作

网页界面设计是将技术性与艺术性融为一体的创造性活动,是用技术和美两方面来衡量生活。"简洁"是各种艺术形式都必须遵循的普遍原则,正所谓"无声胜有声",网页界面设计尤其要做到这一点。在社会文化高度发达的现代社会,人们因文化素质的提高和价值观念的变化,生活情趣和审美趣味更趋向于简洁、单纯。简洁的图形、醒目的文字、大幅的色块,更符合形式美的要求和当今人们的欣赏趣味,给人以悦目、舒适、现代的感觉以及美的享受,令人百看不厌,并能回味无穷,联想丰富。

本节主要是设计制作一张表现山水风景的网页效果图。网页界面要注重表现力和吸引力,给人以身临其境的感觉。因此,运用适当的方法把青山、白云、倒影、蝴蝶以及文字巧妙糅和在一起并配合橘红色的背景,大面积的色块搭配给人以强烈的视觉冲击。最终效果如图 6-1-1 所示。

图 6-1-1　山水风景网页效果图

6.1.1 任务一 网页界面背景效果的制作

1. 任务介绍与案例效果

本次任务主要完成山水风景网页界面的背景效果设计,完成后的效果如图 6-1-2 所示。

图 6-1-2 山水风景网页背景效果图

2. 案例制作方法与步骤

(1) 新建一个图像文件,文件的相关参数设置如图 6-1-3 所示。

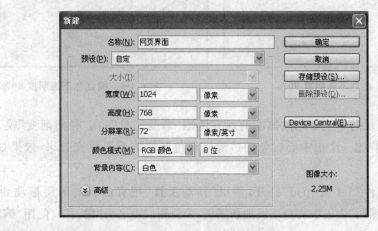

图 6-1-3 文件参数设置

（2）把前景色设置为橘红色（R＝255、G＝109、B＝0），使用"油漆桶工具"填充，把整个背景填成橘红色，如图 6-1-4 所示。

图 6-1-4　设置前景色并填充背景

（3）选择"渐变工具"，选择"径向渐变"模式，进入渐变编辑器，设置渐变分别把白色和橘红色不透明度设置为 90％和 80％，渐变编辑器设置如图 6-1-5 与图 6-1-6 所示。

图 6-1-5　白色不透明度 90％

图 6-1-6　橘红色不透明度 80％

（4）在背景图层的中上部略微偏左的地方使用"渐变工具"，在"径向渐变"模式下进行渐变填充操作，制作出一个由中心白色向边缘橘红色渐变的圆形填充效果，效果如图 6-1-7 所示。

（5）将素材文件"6-1 云. psd"打开，使用"移动工具"把有白云的图层拖动到"网页界面. psd"文件中，"图层"面板中将自动添加新图层，为新图层更名为"白云"。使用"编辑"→"自由变换"命令或者使用快捷键 Ctrl＋T 调整新增的"白云"图层大小与位置，使其位于整个背景的底部,效果如图 6-1-8 所示。

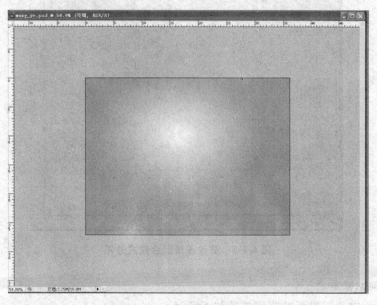

图 6-1-7 创建渐变填充效果

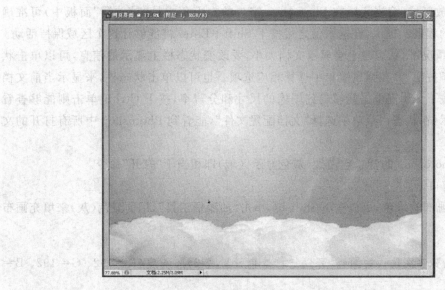

图 6-1-8 添加并调整白云图层后的效果

(6)更改"白云"图层的混合模式为"叠加",使其融入背景中,效果如图 6-1-9 所示。

(7)将素材文件"6-1 群山. psd"打开,使用"移动工具"把有群山的图层拖动到"网页界面. psd"文件中,"图层"面板中将自动添加新图层,为新图层更名为"群山"。使用 Ctrl+T 快捷键调整大小与位置。最后更改"群山"图层的混合模式为"正片叠底",使其融入背景中,效果如图 6-1-2 所示。

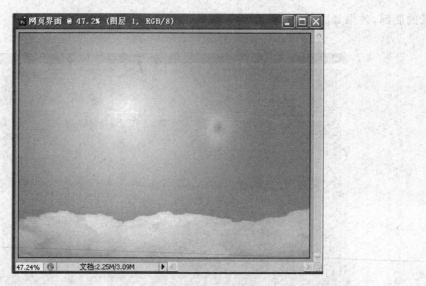

图 6-1-9　更改图层混合模式效果

3. 任务知识点解析

Photoshop 中关于界面的应用技巧如下所述：

（1）应用程序窗口

① 使用缩放区域（缩放区域在 Photoshop 窗口的左下角或是"导航器"面板中）可准确输入想要缩放的程度。提示：在输入值之后按下 Shift＋Enter 键能够让这个区域保持活动。

② 在默认情况下，状态栏上会显示文档大小，要改变状态栏上显示的信息，可以单击状态栏上的"显示"按钮，并在弹出菜单中选择相应选项。也可以单击状态栏，来显示当前文档的打印大小。按下 Alt 键单击能够看到图像的尺寸和分辨率，按下 Ctrl 键单击则能够查看标题信息。提示：在状态栏菜单中选择"文档配置文件"，能看到 Photoshop 中所有打开的文档的色彩情况。

③ 双击 Photoshop 的背景空白处（灰色显示区域）即相当于"打开"命令。

（2）文档窗口

① 要改变画布边缘色，可以按下Shift 键，单击"油漆桶工具"，用前景色（灰）来填充画布边缘。

 注意：要替换默认的颜色，可以把前景色设置成 25％灰度（R＝192、G＝192、B＝192），再次按下 Shift 键单击画布边缘。

② 使用 F 键可以使显示方式在 3 种不同的全屏模式间切换，或者使用工具箱底部的"更改屏幕模式"按钮。提示：按下 Shift＋F 键也可以在全屏模式下触发这个菜单。按住 Shift 键单击工具栏上的屏幕模式按钮，也能够将所有打开的文档以选中模式显示。

③ 右键单击图像窗口的标题栏，可以迅速获得例如画布尺寸，图像尺寸等文件信息，还可以快速复制该文件。

④ 将鼠标指针移动到图像窗口的标题栏上，当前文档的完整路径就会显示出来。

6.1.2 任务二 山峰倒影效果的制作

1. 任务介绍与案例效果

本任务将在前面的基础上,制作山峰的倒影效果,效果如图 6-1-10 所示。

图 6-1-10 山峰倒影效果

2. 案例制作方法与步骤

(1) 将素材文件"6-1 左侧山峰.psd"打开,使用"移动工具"把有山峰的图层拖动到"网页界面.psd"文件中,"图层"面板中将自动添加新图层,为新图层更名为"左侧倒影"。选择"编辑"→"变换"命令,在其子菜单中选择"垂直翻转"命令,使用 Ctrl+T 快捷键调整大小与位置,最后更改"左侧倒影"图层的混合模式为"正片叠底",使其融入背景中,效果如图 6-1-11 所示。

由于山峰的倒影过于清晰,并且有一些落在了"白云"上面,为此使用"滤镜"命令对山峰进行模糊处理,使用"橡皮擦工具"去除一些多余部分,使其看上去更加逼真。

(2) 选中"左侧倒影"图层,选择"滤镜"→"模糊"→"高斯模糊"命令,把模糊"半径"设置为 6.0,其效果如图 6-1-12 所示。

(3) 使用"橡皮擦工具",擦除一些多余的倒影。

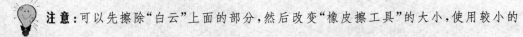 **注意:**可以先擦除"白云"上面的部分,然后改变"橡皮擦工具"的大小,使用较小的"橡皮擦工具"细心擦除边缘部分,效果如图 6-1-13 所示。

图 6-1-11　左侧山峰倒影效果

图 6-1-12　对倒影进行模糊处理后的效果

图 6-1-13 去除倒影多余部分后的效果

（4）将素材文件"6-1 右侧山峰.psd"打开，使用"移动工具"把有山峰的图层拖动到"网页界面.psd"文件中，"图层"面板中将自动添加新图层，为新图层更名为"右侧倒影"。选择"编辑"→"变换"命令，在其子菜单中选择"垂直翻转"命令，使用 Ctrl＋T 快捷键调整大小与位置，最后更改"右侧倒影"图层的混合模式为"正片叠底"，使其融入背景中，效果如图 6-1-14 所示。

图 6-1-14 右侧山峰倒影效果

（5）同样使用"高斯模糊"滤镜对右侧山峰倒影进行模糊处理（模糊半径参数同上），使用"橡皮擦工具"去除多余倒影，效果如图 6-1-10 所示。

3. 任务知识点解析

浮动控制面板的操作技巧如下所述：

（1）要将所有浮动面板复原位置，可以选择"窗口"→"工作区"→"复位调板位置"命令。

（2）要将单独的面板内容复位，则可以在相关面板的菜单中选择复位命令。

 注意： 复位命令并非在所有的面板中都可用。

（3）按下 Tab 键可隐藏工具栏和所有已显示的面板，再按一次取消隐藏；按 Shift＋Tab 键仅隐藏所有面板，工具栏则可见。

（4）按住 Shift 键拖动或按下 Shift 键单击面板标题栏，可将面板移至最近的屏幕边缘。

（5）对于包含缩略图的面板，右键单击该面板的空白区域就能够显示上下文菜单，可以在其中选择缩略图的大小：无、小、中、大。

（6）在不透明度滚动条中，使用左右方向键可以按 1％ 大小增减。按下 Shift 键再使用左右方向键则是按 10％ 大小增减。

（7）右键单击"图层"面板上的缩略图可以显示一个上下文菜单，里面包含了一些可用命令，这对于图层遮罩以及图层裁剪路径是特别实用的。

（8）可以通过双击相关的面板选项卡来最小化面板。使用面板标题栏上的最小化按钮可以在紧凑模式以及内容模式之间进行切换。

 注意： 还可以双击工具栏的标题栏来将它最小化。

（9）在面板区域中按下 Shift＋Enter 键能够将当前值应用，但保持域还是活动状态。这是一个实施不同值的快捷方式。

（10）按下 Alt 键单击三角形图标（箭头图标）就能够看到一个动作、图层样式的子元素。

（11）可以通过将一个面板的选项卡拖动到另一个面板的顶部或底部，将面板进行"堆叠"：一个高亮区域就会出现，指示这个面板的位置。

 注意： 也可以通过将一个面板拖到另一个的中间来对面板进行分组。

（12）在"颜色"面板中单击相应的颜色可以对背景色进行任何改变。黑色的轮廓很好地指示了活动的颜色。

 注意： 使用"吸管工具"，按下 Alt 键来选择颜色可以得到与其相反的颜色。例如，如果背景色是活动的颜色，按下 Alt 键则能够为背景色选择一个颜色，反之亦然。

（13）按住 Shift 键单击调色板下端的光谱条，可变换不同的光谱模式。同样，也可以右键单击光谱条或单击调色板右上方的按钮，选择想要的色彩模式。

（14）要将自定义颜色添加到"色板"面板中，只需要单击色板中的任意空白区域。

 注意： 可通过按下 Alt 键单击想要的颜色在"色板"面板中选择一个背景颜色。

（15）按住 Ctrl 键，在"导航器"面板的预览图像上拖动放大镜，可以得到图像的任何细节的放大显示。

注意：按下 Shift 键在代理预览区域拖动可以垂直或水平地移动高亮区域框。要改变显示区域框的颜色，可单击"导航器"面板右上角的按钮，选择面板选项。

（16）也许想要查看当前的裁剪选区的大小，而"信息"面板又是隐藏在其他面板之下的。这时，就不能单击"信息"面板来将它前置，但可以选择"窗口"→"信息"命令来将面板前置。

注意：当对话框打开的时候要将所有的面板前置，可以在窗口当中选择面板的名称，或按下其相关的热键。

6.1.3 任务三 蝴蝶、文字与按钮的制作

1. 任务介绍与案例效果

本任务将为前面做好的文件添加蝴蝶、文字与按钮，效果如图 6-1-1 所示。

2. 案例制作方法与步骤

（1）将素材文件"6-1 蓝蝴蝶.psd"和素材文件"6-1 紫蝴蝶.psd"文件打开，使用"移动工具"把两个有蝴蝶的图层拖动到"网页界面.psd"文件中，"图层"面板中将自动添加两个新图层，分别为新图层更名为"蓝蝴蝶"和"紫蝴蝶"。使用 Ctrl＋T 快捷键调整两只蝴蝶的大小与位置，最后更改"蓝蝴蝶"与"紫蝴蝶"图层的混合模式为"正片叠底"，使其融入背景中，效果如图 6-1-15 所示。

图 6-1-15 添加"蝴蝶"图层后的效果

（2）选择"直排文字工具"，为网页添加文字内容。输入文字"云来山更佳，云去山如画"、"山因云晦明，云共山高下"和"元代　张养浩"，字体选择"方正舒体"，大小设置"20点"，垂直缩放"120％"，字距调整设置为"300％"，文字颜色为"黑色"，消除锯齿的方法设置为"浑厚"。文字位置及效果如图 6-1-16 所示。

图 6-1-16　加入文字后的效果

（3）因为是网页界面，所以就必不可少的有一些链接性的文字存在，所以在整个网页的底部加入链接用的文字及背景。在"图层"面板中先选中背景图层，再选择"圆角矩形工具"，选择"形状图层"参数，把颜色设置为灰色（R＝148、G＝148、B＝148），在整个页面的底部绘制出一个圆角矩形，"图层"面板中将自动添加新图层，更改此图层的混合模式为"正片叠底"，其效果如图 6-1-17 所示。

（4）为绘制的圆角矩形图层添加文字，选择"横排文字工具"，输入"主页"，并按如图 6-1-18 所示设置文字参数。效果如图 6-1-19所示。

（5）重复步骤（3）、（4），分别为页面添加链接用的文字和背景"景点介绍"、"风土人情"和"世外桃园"。为了精确排列位置，可以使用"视图"→"显示"→"网格"命令或者使用 Ctrl＋′快捷键来显示网格，帮助精确定位，如图 6-1-20 所示。

（6）按 Ctrl＋′快捷键隐藏网格，完成制作。按"文件"→"保存"命令或者是按 Ctrl＋S 快捷键实现对作品的保存，将作品保存为"网页界面.psd"。

3．任务知识点解析

Photoshop 中图层混合模式的作用如下所述：

（1）"正常"模式是 Photoshop 的默认模式，在此模式下形成的合成色或者着色作品不会用到颜色的相减属性。

图 6-1-17 绘制圆角矩形　　　　　　　　　　　　　　　　　**图 6-1-18 文字参数**

图 6-1-19 添加"主页"文字

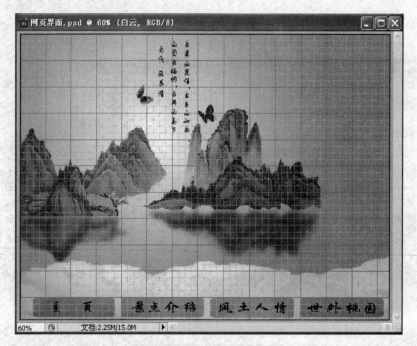

图 6-1-20　使用网格精确定位

　　（2）"溶解"模式将产生不可知的结果，同底层的原始颜色交替以创建一种类似扩散抖动的效果，这种效果是随机生成的。

　　（3）"正片叠底"最为实用，因为可以经常拿它来复合图像、去掉白色或者对比度强的细节和修正过度的曝光。

　　（4）"变暗"将底色或混合色中较暗的颜色作为结果色使用。在像素相同的图层副本上使用无效。

　　（5）"颜色加深"使底色变暗或增加其饱和度。

　　（6）"线性加深"通过降低亮度使底色变暗。

　　（7）"滤色"混合模式很有用，它是选取黑色背景上对象（例如烟花）的一个简易的方法。

　　（8）"叠加"可使暗区变暗，亮区变亮，从而达到增加对比度的效果。

　　（9）"强光"也可增加对比度，其效果比"叠加"更强。

　　（10）"柔光"可增加对比度，但比较柔和。

　　（11）"色相"、"饱和度"、"颜色"、"亮度"这些混合模式可以影响图像的色相、饱和度和色调。给黑白图像着色，经常用到这些叠加模式。

　　（12）"排除"可制作颜色反转效果。黑色像素不会影响下一图层；白色像素可以反选下一层图像；灰色像素可以根据自身亮度，部分反选下一层图像。

　　（13）"差值"在校正图像的颜色时，可以用它来确定中性灰。

6.1.4 思考与练习

1. 填空题

(1) 在 Photoshop 中,如果需要绘制出正圆需要配合鼠标使用的键盘按键是＿＿＿＿＿＿。

(2) 使用当前的前景色填充所选区域的快捷键是＿＿＿＿＿＿,使用当前的背景色填充所选区域的快捷键是＿＿＿＿＿＿。

(3) 打开并显示标尺的快捷键是＿＿＿＿＿＿。

(4) Photoshop 内定的历史记录是＿＿＿＿＿＿条。

(5) Photoshop 的专用格式文件的后缀名为＿＿＿＿＿＿。

2. 选择题

(1) 当编辑图像时使用"减淡工具"可以达到＿＿＿＿＿＿目的。

A. 使图像中某些区域变暗
B. 删除图像中的某些像素

C. 使图像中某些区域变亮
D. 使图像中某些区域的饱和度增加

(2) 下面＿＿＿＿＿＿可以减少图像的饱和度。

A. "加深工具"
B. "锐化工具"(正常模式)

C. "海绵工具"
D. "模糊工具"(正常模式)

(3) 当使用绘图工具时,图像可选中"背后"模式的条件是＿＿＿＿＿＿。

A. 这种模式只在有透明区域层时才可选中

B. 当图像的色彩模式是 RGB 时,"背后"模式才可选中

C. 当图像上新增加通道时,"背后"模式才可选中

D. 当图像上有选区时,"背后"模式才可选中

(4) 下面对"正片叠底"模式的描述正确的是＿＿＿＿＿＿。

A. 将底色的像素值和绘图色的像素值相乘,然后再除以 255 得到的结果就是最终色

B. 像素值取值范围是在 0~100 之间

C. 任何颜色和白色执行"正片叠底"模式后结果都将变为黑色

D. 通常执行"正片叠底"模式后颜色较深

(5) 下面是使用"椭圆选框工具"创建选区时常用到的功能,正确的是＿＿＿＿＿＿。

A. 按住 Alt 键的同时拖拉鼠标可得到正圆形的选区

B. 按住 Shift 键的同时拖拉鼠标可得到正圆形的选区

C. 按住 Alt 键可形成以鼠标的落点为中心的椭圆形选区

D. 按住 Shift 键使选区以鼠标的落点为中心向四周扩散

(6) 下列＿＿＿＿＿＿可以在其对应的属性栏中使用选区运算。

A. "单行选框工具"
B. "套索工具"

C. "喷枪工具"
D. "魔棒工具"

(7) 下面有关"扩大选取"和"选取相似"的描述正确的是＿＿＿＿＿＿。

A. "扩大选取"命令是以现在所选择范围的颜色与色阶为基准,由选择范围接临部分找出近似颜色与色阶最终形成选区

B. "选取相似"是由全部图像中寻找出与所选择范围近似的颜色与色阶部分,形成选区

C. "扩大选取"和"选取相似"在选择颜色范围时,范围的大小是受"容差"来控制的

D. 对于同一幅图像执行"扩大选取"和"选取相似"命令,结果是一致的

（8）下列操作可以实现选区羽化的是_____。

A. 如果使用"矩形选框工具",可以先在其属性栏中设定"羽化"数值,然后再在图像中拖拉创建选区

B. 如果使用"魔棒工具",可以先在其属性栏中设定"羽化"数值,然后在图像中单击创建选区

C. 对于图像中一个已经创建好的没有羽化边缘的选区,可以先将其存储在 Alpha 通道中,然后对 Alpha 通道执行"滤镜"→"模糊"→"高斯模糊"命令,然后再载入选区

D. 对于图像中一个已经创建好的没有羽化边缘的选区,可通过"选择"→"羽化"命令来实现羽化程度的数字化控制

（9）下列关于"变换选区"命令的描述正确的是_____。

A. "变换选区"命令可对选择范围进行缩放和变形

B. "变换选区"命令可对选择范围及选择范围内的像素进行缩放和变形

C. 选择"变换选区"命令后,按住 Ctrl 键,可将选择范围的形状改变为不规则形状

D. "变换选区"命令可对选择范围进行旋转

（10）当将浮动的选择范围转换为路径时,所创建的路径的状态是_____。

A. 工作路径　　　　　　　　　　　　B. 开放的子路径

C. 剪贴路径　　　　　　　　　　　　D. 填充的子路径

（11）当单击"路径"面板下方的"用前景色描边路径"图标时,若想弹出选择描边工具的对话框,按_____键。

A. Alt　　　　　　　　　　　　　　　B. Ctrl

C. Shift＋Ctrl　　　　　　　　　　　D. Alt＋Ctrl

（12）在按住_____功能键的同时,单击"路径"面板菜单中的"填充路径"命令,会出现"填充路径"对话框。

A. Shift　　　　　　　　　　　　　　B. Alt

C. Ctrl　　　　　　　　　　　　　　D. Shift＋Ctrl

（13）"剪贴路径"对话框中的"展平度"是用来定义_____。

A. 曲线由多少个节点组成　　　　　　B. 曲线由多少个直线片段组成

C. 曲线由多少个端点组成　　　　　　D. 曲线边缘由多少个像素组成

（14）在 Photoshop 中有的通道是_____。

A. 颜色通道　　　　　　　　　　　　B. Alpha 通道

C. 专色通道　　　　　　　　　　　　D. 全色通道

（15）在"通道"面板上按住_____功能键可以加选或减选通道。

A. Alt　　　　　　　　　　　　　　　B. Shift

C. Ctrl　　　　　　　　　　　　　　D. Tab

3. 实践题

根据本次所学技能设计一个房地产楼盘宣传网页,要求体现出该楼盘的清幽特色。本次实践注意以下 3 个知识点的运用:

(1) 图层之间混合模式的选择,特别是"布纹图层"与底层的融合。

(2) 渐变编辑器的运用,实现自然的色彩渐变。

(3) 各图层大小、角度以及位置关系的处理。

图 6-1-21 为参考效果图。

图 6-1-21 房地产楼盘宣传网页参考效果图

6.2 课件背景图及立体按钮设计制作

随着计算机的普及,在教学、培训、展示等活动中,课件已经成为了一种新型的信息载体与表现工具。出色的课件可以增加内容的趣味性和表现力,增强吸引力,让人眼前一亮,给人以耳目一新的感觉。其中,课件的背景是课件制作过程中至关重要的一部分,在背景的设计过程中通常要兼顾到如下原则:

1. 不影响动作演示。

2. 色彩要与动画的角色色彩协调统一。

3. 要注意对眼睛的保护。

4. 背景力求简洁。

5. 适合打印。

本节主要是设计制作一张课件的背景图片。整张课件背景图片简洁大方,以"养眼"的绿色为主要的背景色,再搭配上部分的黄色和少量的白色给人以一种清新自然的感觉。最终效果如图 6-2-1 所示。

图 6-2-1　课件背景效果图

6.2.1　任务一　课件背景图的设计制作

1. 任务介绍与案例效果

本次任务将完成无按钮的课件背景图制作,效果如图 6-2-2 所示。

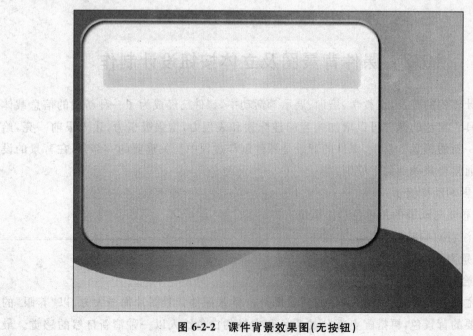

图 6-2-2　课件背景效果图(无按钮)

2. 案例制作方法与步骤

(1) 新建一个图像文件,文件的相关参数设置如图 6-2-3 所示。

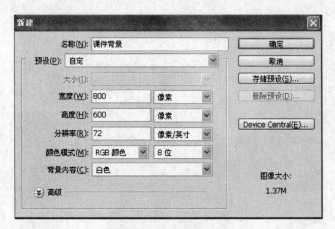

图 6-2-3　文件参数设置

(2) 选择"钢笔工具"绘制路径,在背景图层上绘制出如图 6-2-4 所示的路径。

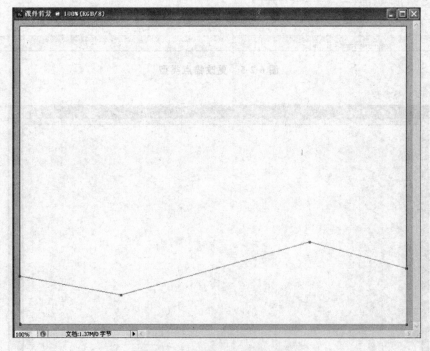

图 6-2-4　"钢笔工具"绘制路径

(3) 选择"转换点工具" ，将刚才绘制的路径上中间两个锚点由"角点"转换成"平滑锚点",如图 6-2-5 所示。

(4) 选择"直接选择工具" ，对各个锚点的位置加以调整,并且还可以通过调整"平滑锚点"两侧的控制线来调整曲线的平滑度,调整效果如图 6-2-6 所示。

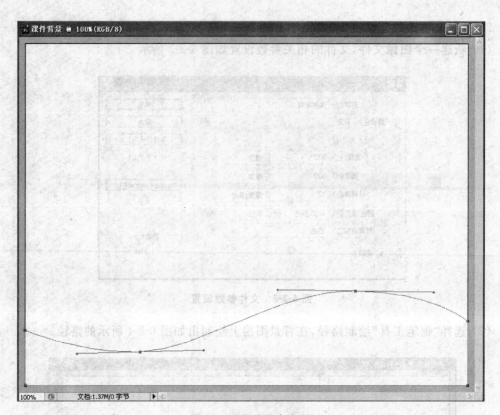

图 6-2-5　更改锚点类型

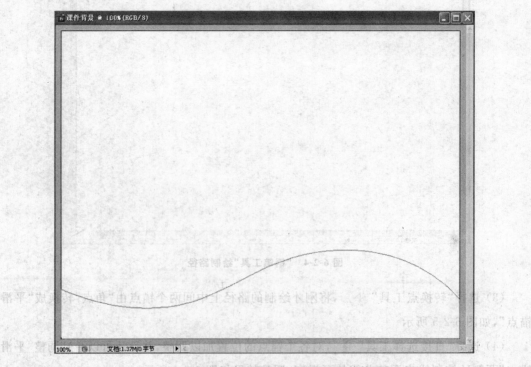

图 6-2-6　调整锚点位置与曲线平滑度后的效果

(5) 切换到"路径"面板,选择当前路径,并单击"将路径作为选区载入"按钮 ⟳ ,将"路径"转变为"选区"。

(6) 选择"渐变工具",选定"线性渐变"模式,进入"渐变编辑器",设置渐变颜色与不透明度:左边的颜色设置为"浅绿色"(R＝127、G＝250、B＝78),右边的颜色设置为"深绿色"(R＝51、G＝224、B＝39),左边颜色的不透明度设置为 90％,右边颜色的不透明度设置为 80％,如图 6-2-7 与图 6-2-8 所示。

图 6-2-7　左侧颜色与不透明度

图 6-2-8　右侧颜色与不透明度

(7) 设置完毕以后,按"确定"按钮退出"渐变编辑器"窗口。使用"渐变工具",在"线性渐变"的模式下对前面由路径载入的选区做由左向右的渐变填充,调整渐变的方向,达到如图 6-2-9 所示的效果。

(8) 保持当前的选区,打开"选择"菜单,选择其中的"反向"命令或者使用快捷键 Shift＋Ctrl＋I,选中整个背景中的上部白色区域。使用"渐变工具",在"线性渐变"的模式下对选区做由右向左的渐变填充,调整渐变的方向,达到如图 6-2-10 所示的效果。

(9) 按快捷键 Ctrl＋D 取消选区。在"图层"面板中新建一图层,命名为"课件内容"。

(10) 选中"课件内容"图层,选择"圆角矩形工具" ▢ ,绘制模式为"路径"模式,半径设置为 50 像素,在"课件内容"图层中绘制一个"圆角矩形"路径,如图 6-2-11 所示。

(11) 切换到"路径"面板,选择当前路径,并单击"将路径作为选区载入"按钮 ⟳ ,将"路径"转变为"选区"。

(12) 选择"渐变工具",选定"线性渐变"模式,进入"渐变编辑器",设置渐变颜色与不透明度:左边的颜色设置为"纯黄色"(R＝255、G＝255、B＝0),右边的颜色设置为"浅绿色"(R＝141、G＝216、B＝74),左右两边的不透明度都设置为 100％,如图 6-2-12 与图 6-2-13 所示。

（5）加宽钢笔工具，将此点向右侧拖动，出此对比看的多时间的选定点（如图6-8）例图，可再次从选择。

（6）在图示内是上分为三段，用矩形选框工具，按住 Shift 键入入。矩形后选择区域的参数之为将其设色区色色 C："156=157, C=88, H=79。为打针效果的较丰富，设置
（R=88, C=88, B=88 的增添的区域加色的增强方式为增性，或者相区设置为两项的不同效果形象，分别如图片 6-2-9 所示。

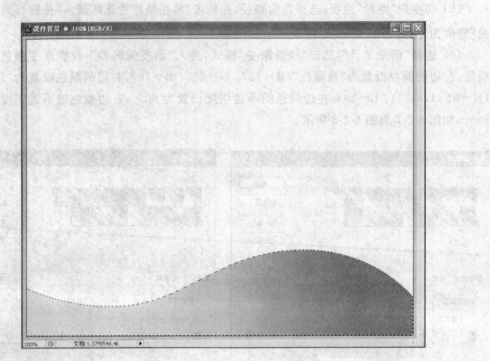

图 6-2-9　下半部分填充渐变效果

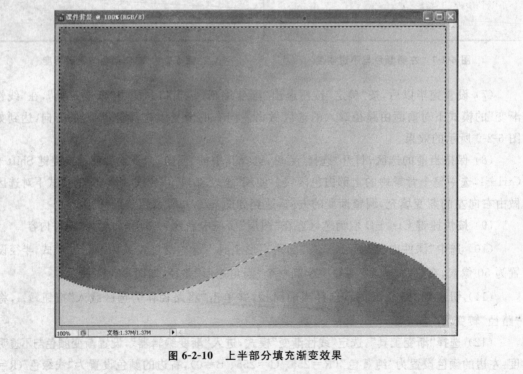

图 6-2-10　上半部分填充渐变效果

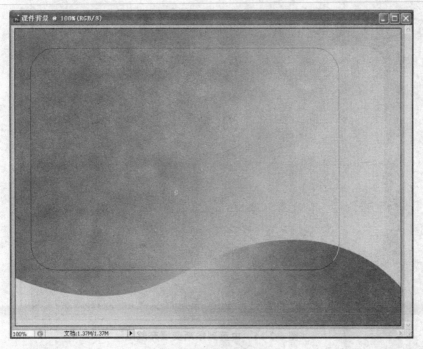

图 6-2-11 绘制圆角矩形

图 6-2-12 左侧颜色和不透明度设置

图 6-2-13 右侧颜色和不透明度设置

　　(13) 设置完毕以后,按"确定"按钮退出"渐变编辑器"窗口。使用"渐变工具",在"线性渐变"的模式下对前面由路径载入的选区做由上向下的渐变填充,调整渐变的方向,达到如图 6-2-14 所示的效果。

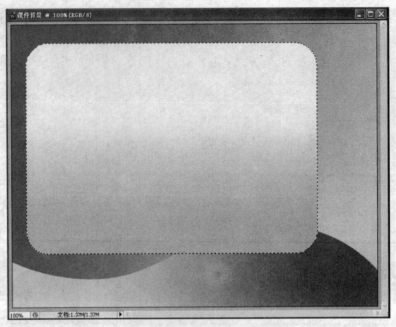

图 6-2-14   由黄到绿渐变填充效果

（14）按 Ctrl＋D 快捷键取消选区，选择"移动工具"按照自己的需要对圆角矩形的位置进行适当移动调整。

（15）在选中"课件内容"图层的前提下，单击"图层"面板下面的"添加图层样式"按钮

fx.，为该图层添加"图层样式"效果。分别选择"投影"、"内阴影"、"斜面和浮雕"以及"等高线"选项，其中"投影"、"内阴影"使用默认的参数设置，"斜面和浮雕"的参数设置如图 6-2-15 所示，"等高线"参数设置如图 6-2-16 所示。

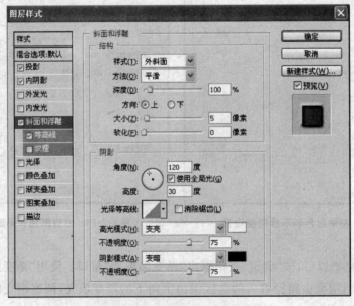

图 6-2-15   "斜面和浮雕"参数设置

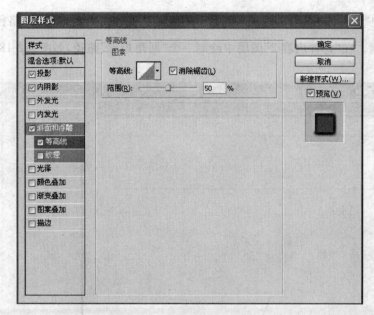

图 6-2-16 "等高线"参数设置

(16)选择图层样式,设置参数后,按"确定"按钮退出"图层样式"对话框。添加图层样式后的效果如图 6-2-17 所示。

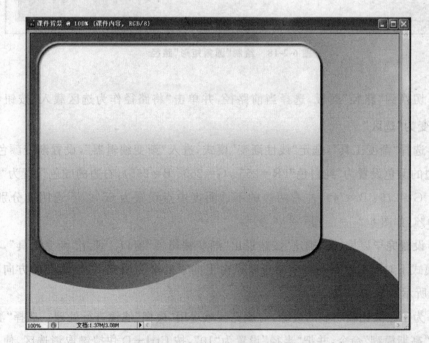

图 6-2-17 添加图层样式后的效果

(17)在"图层"面板中新建一图层,并命名为"课件内容 2"。

(18) 选中"课件内容 2"图层,选择"圆角矩形工具" 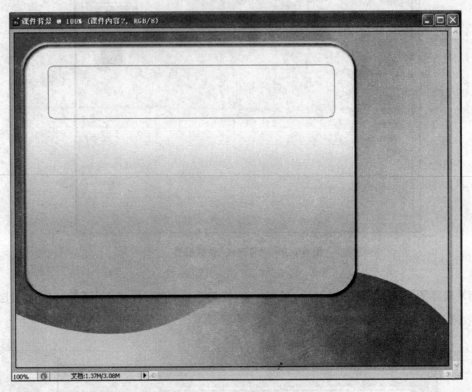 ,绘制模式为"路径"模式,半径设置为 10 像素。在"课件内容 2"图层中绘制一个"圆角矩形"路径,如图 6-2-18 所示。

图 6-2-18　绘制"圆角矩形"路径

(19) 切换到"路径"面板,选择当前路径,并单击"将路径作为选区载入"按钮 ，将"路径"转变为"选区"。

(20) 选择"渐变工具",选定"线性渐变"模式,进入"渐变编辑器",设置渐变颜色与不透明度:左边的颜色设置为"纯白色"(R＝255、G＝255、B＝255),右边的颜色设置为"浅绿色"(R＝141、G＝216、B＝74),左右两边的不透明度中点设置为 65％,不透明度分别设置为 90％和 80％,如图 6-2-19 与图 6-2-20 所示。

(21) 设置完毕以后,按"确定"按钮退出"渐变编辑器"窗口。使用"渐变工具",在"线性渐变"的模式下对前面由路径载入的选区做由上向下的渐变填充,调整渐变的方向,达到如图 6-2-21 所示的效果。

(22) 为了去除比较明显的边缘,对填充区域运用"模糊"滤镜进行处理。选择"滤镜"→"模糊"→"高斯模糊"命令,并把"半径"设置为"10",按 Ctrl＋D 快捷键取消选区,使用"移动工具"调整小圆角矩形到合适的位置,效果如图 6-2-2 所示。

(23) 完成本次任务,保存文件为"课件背景.psd"。

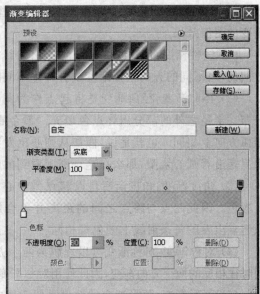

图 6-2-19　左侧颜色与不透明度　　　　　　图 6-2-20　右侧颜色与不透明度

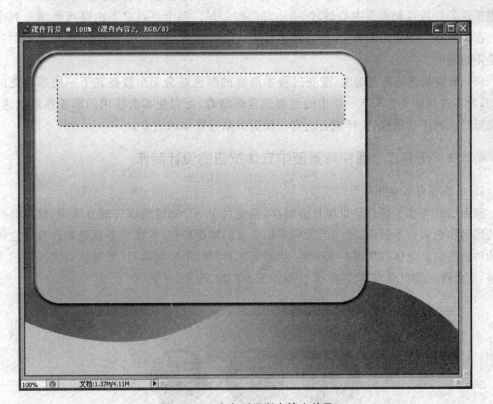

图 6-2-21　由白到绿渐变填充效果

3. 任务知识点解析

本任务中主要运用到"渐变工具"和渐变编辑器。"渐变工具"的作用是产生逐渐变化的色彩,在设计中经常使用到色彩渐变。"渐变工具"包括线性渐变工具、径向渐变工具、角度渐变工具、对称渐变工具、菱形渐变工具。这些渐变工具用于在图像或图层中形成一种色彩渐变的图像效果。

（1）线性渐变：创建线性渐变时拖出的线条长度代表了颜色渐变的范围。渐变也是有方向的，向不同的方向拖拉渐变线会产生不同的颜色分布。

（2）径向渐变：径向渐变是将起点作为圆心，起点到终点的距离为半径，将颜色以圆形分布。半径之外的部分用终点色填充。颜色在每条半径方向上各不相同，但在每个同心圆圆弧方向上相同。也就是说，假如从圆心出发到圆弧，在途中将看到各种不同的色彩。但如果只是沿着圆心绕圈，那么在这一圈上看到的颜色都是相同的。

（3）角度渐变：角度渐变是以起点为中心，起点与终点的夹角为起始角，顺时针分布渐变颜色。因此起点与终点之间的距离并不会影响效果，这在所有渐变样式中也是唯一的。从起点出发的每条射线上颜色都相同。

（4）对称渐变：对称渐变可以理解为两个方向相反的径向渐变合并在一起，从起点出发，同时往相反的两个方向渐变，因此使用对称渐变的时候要留下足够的空间给另外一侧渐变色。

（5）菱形渐变：菱形渐变的效果类似于径向渐变，都是从起点往周围的扩散式渐变。只不过这里是菱形而不是圆形。菱形的四条棱中的一条就是起点到终点的线段，其余三条棱相当于这条线段以起点为中心旋转 90°、180°和 270°。四个终点之外由终点色填充剩余区域。在距离起点相同的距离上，四条棱上各点的颜色相同。但只局限于棱，在棱之间的区域中是不相等的。

（6）渐变颜色的不透明度：渐变过程中渐变的颜色是会完全覆盖其下一层所填充的颜色的，为了实现渐变色与下一层中的色彩的自然融合，可以使本次使用的渐变色略微透明，即降低颜色的不透明度，这样就会达到一种更加贴近真实的效果。

6.2.2　任务二　课件背景图中立体按钮的设计制作

1. 任务介绍与案例效果

前面已经完成了课件背景图片的制作，但是对于一个完整的课件背景来说，仅仅具有丰富的图案和色彩是不够的，还应当为它添加必要的功能按钮，本次任务就是制作具有立体效果的功能按钮。立体效果就是充分利用"渐变工具"与"渐变编辑器"来模拟真实按钮的光学效果，使之看起来更具有真实感，其效果如图 6-2-22 所示。

图 6-2-22　立体效果功能按钮

2. 案例制作方法与步骤

(1) 打开"课件背景.psd"文件,在"图层"面板中新建一个图层,命名为"发音按钮"。

(2) 选中"发音按钮"图层,选择"椭圆工具",绘制模式为"路径"模式,按住 Shift 键拖动鼠标,绘制出一个正圆的路径,如图 6-2-23 所示。

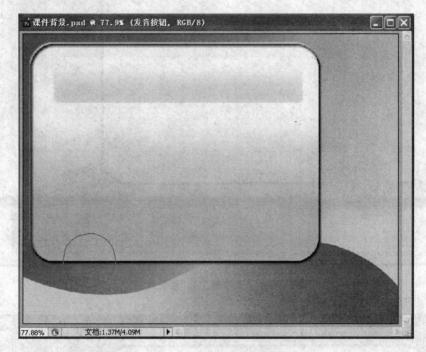

图 6-2-23　绘制正圆路径

(3) 切换到"路径"面板,选择当前路径,并单击"将路径作为选区载入"按钮 ⊙ ,将"路径"转变为"选区"。

(4) 选择"油漆桶工具",把前景色设置为"深绿色"(R=22、G=116、B=4),使用"油漆桶工具"填充当前的正圆选区,效果如图 6-2-24 所示。

(5) 按 Ctrl+D 键取消选区,在"图层"面板中再新建两个图层,分别命名为"上部亮斑"和"下部亮斑"。先选中"上部亮斑"图层,绘制亮斑。

(6) 选择"椭圆工具",绘制模式为"路径"模式,拖动鼠标,绘制出一个小的椭圆路径,如图 6-2-25 所示。

(7) 切换到"路径"面板,选择当前路径,并单击"将路径作为选区载入"按钮 ⊙ ,将"路径"转变为"选区"。

(8) 选择"渐变工具",选定"线性渐变"模式,进入"渐变编辑器",设置渐变颜色与不透明度:左边的颜色设置为"纯白色"(R=255、G=255、B=255),右边的颜色设置为"深绿色"(R=22、G=116、B=4),左右两边的不透明度分别设置为 100% 和 60%,左右两边的不透明度中点设置为 60%,如图 6-2-26 与图 6-2-27 所示。

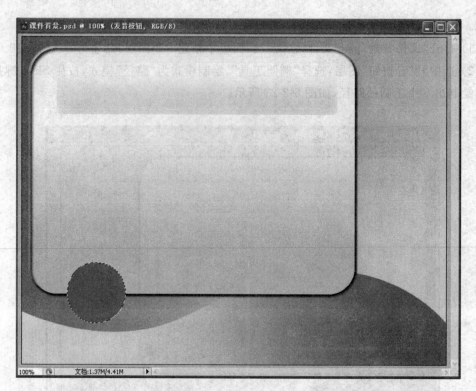

图 6-2-24 "油漆桶工具"填充效果

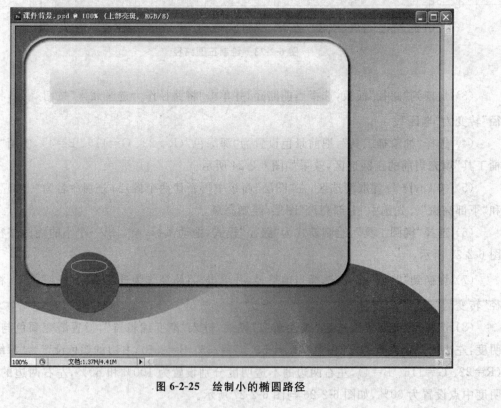

图 6-2-25 绘制小的椭圆路径

图 6-2-26　左侧颜色与不透明度　　　　　　　图 6-2-27　右侧颜色与不透明度

（9）设置完毕以后，按"确定"按钮退出"渐变编辑器"窗口。使用"渐变工具"，在"线性渐变"的模式下对前面由路径载入的选区做由上向下的渐变填充，调整渐变的方向，达到如图 6-2-28 所示的效果。

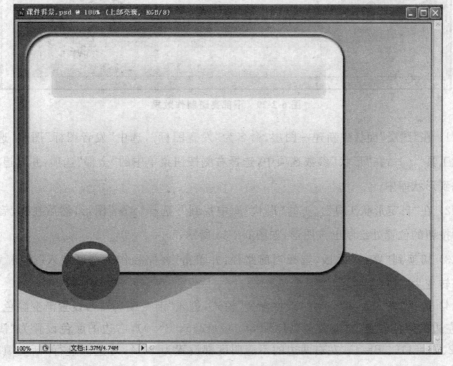

图 6-2-28　上部亮斑制作效果

（10）按 Ctrl＋D 取消选区。再在"图层"面板中选中"下部亮斑"图层，使用类似于绘制"上部亮斑"的方法绘制"下部亮斑"。

 注意：在"渐变编辑器"的颜色和不透明度设置时要把左边的颜色设置为"纯白色"，把右边的颜色设置为"深绿色"（RGB 数值同上）。"纯白色"的不透明度设置为 90％，"深绿色"的不透明度设置为"80％"，填充的时候由下向上渐变填充，效果如图 6-2-29 所示。

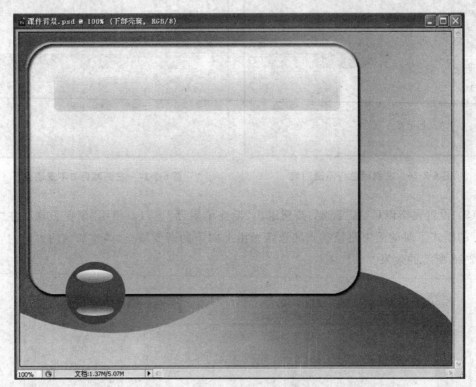

图 6-2-29　下部亮斑制作效果

（11）在"图层"面板中新建一图层，命名为"发音图标"，选中"发音图标"图层，选择"自定形状工具"，在"形状"参数选项中，选择右侧按钮菜单中的"全部"选项，并以追加的方式添加到形状库中。

（12）在"自定形状工具"的"形状"库中找到并选择"🔊"图形，然后在"发音图标"图层中按钮的位置处绘制出该图形，如图 6-2-30 所示。

（13）切换到"路径"面板，选择当前路径，并单击"将路径作为选区载入"按钮，将"路径"转变为"选区"。

（14）选择"渐变工具"，选定"线性渐变"模式，进入"渐变编辑器"，设置渐变颜色与不透明度：左边的颜色设置为"纯黄色"（R＝255、G＝255、B＝0），右边的颜色设置为"浅绿色"（R＝22、G＝116、B＝4），左右两边的不透明度都设置为 80％，对选区进行"渐变填充"，效果如图 6-2-31 所示。

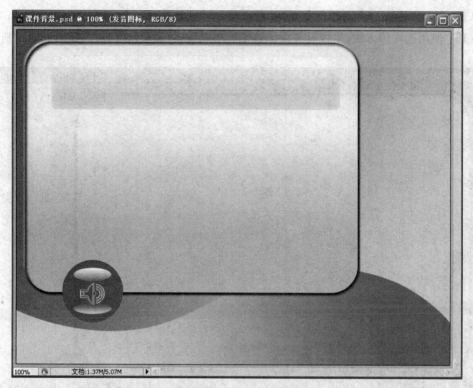

图 6-2-30 绘制发音图标

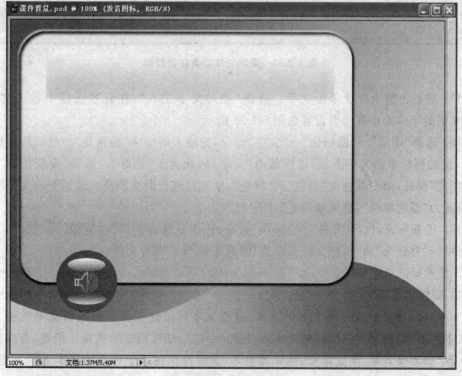

图 6-2-31 填充渐变色

（15）使用"移动工具"和"自由变换"命令移动和调整图标的大小与位置。

（16）使用同样的方法，生成具有立体效果的功能按钮"向前"、"向后"，如图 6-2-32 所示。

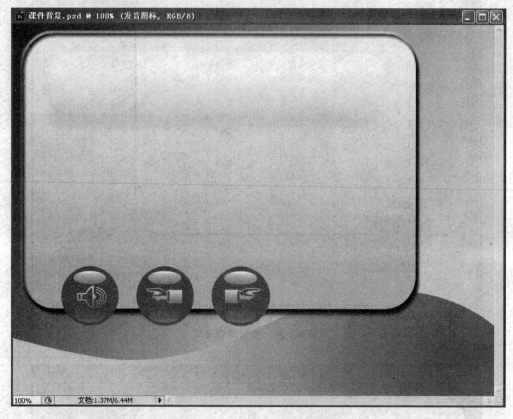

图 6-2-32　添加立体功能按钮效果

（17）最后为整个背景添加文字。选择"横排文字工具"，在背景图层中输入文字"作者："，文字的字体大小等参数设置如图 6-2-33 所示。

（18）选择"图层"→"栅格化"→"文字"命令，把输入的文字"栅格化"。然后按住键盘上的 Ctrl 键的同时单击文字图层，这样就由"文字"转化为了"选区"。选择"渐变工具"，选中"线性渐变"模式，渐变颜色由"白色"到"绿色"，对选区进行渐变填充。最后更改文字图层的混合模式为"颜色减淡"，效果如图 6-2-1 所示。

（19）任务完成，执行"文件"→"保存"命令，把作品保存为"课件背景.psd"文件。再单击"文件"→"存储为"命令，把文件保存为"课件背景.jpg"图片文件。

3．任务知识点解析

（1）栅格化文字

Photoshop 输入的文字是矢量的文本，这类文字可以使操作者有编辑文本的能力。当生成文本后，可以对文本进行调整大小、应用图层样式，还可以变形文本。但是，有些操作却不能实现，如滤镜效果、渐变填充、色彩调整等，这些操作在基于矢量的文本上就不能使用。如果要对矢量文本应用这些效果，就必须首先栅格化文字，也就是把它转换成像素。

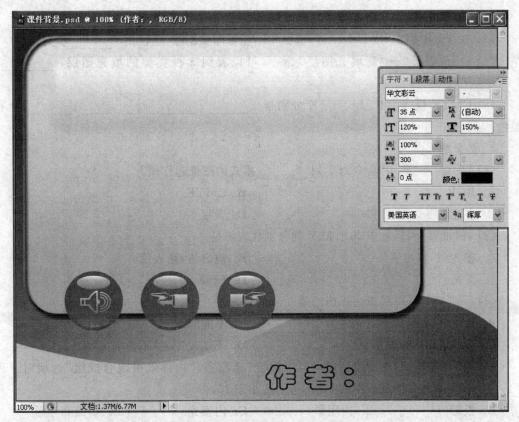

图 6-2-33　添加文字并设置参数

栅格化将文字图层转换为普通图层,并使其内容不能再进行文本编辑。想要把文本渲染成像素,首先要选择该文字图层,再选择"图层"→"栅格化"→"文字"命令即可。

(2) 对选区或图层进行等比例缩放

当使用"自由变换"命令或者使用 Ctrl＋T 快捷键对选区或者图层进行变形操作的时候,可以看到在系统菜单栏的下面会出现一条参数设置面板,如图 6-2-34 所示。只需要把表示宽度的"W"的比例和表示高度的"H"的比例调节成一样的数值,就可以实现等比例缩放,或者也可以按下表示宽度的"W"与表示高度的"H"之间的链条状按钮,使两者处于连动状态,此时如果改变其中的任何一个参数数值的话,另一个也会同时发生相同的变化,也可以达到等比例缩放的目的。

图 6-2-34　"自由变换"参数设置面板

6.2.3　思考与练习

1. 填空题

(1) 全选的快捷键是＿＿＿＿＿＿,取消选区的快捷键是＿＿＿＿＿＿,反选的快捷键是＿＿＿＿＿。

(2) 使用"_____"命令可以对图像进行变形,快捷键是_____。

(3) 在背景图层中,按 Delete 键,选区中的图像即被删除,选区由_____填充。

(4) 执行"图层"→"新填充图层"命令,可以看到 3 种类型的填充图层:_____,_____和_____。

(5) CMYK 模式中 C、M、Y、K 分别指_____、_____、_____、_____ 4 种颜色。

2. 选择题

(1) "图像"→"陷印"命令对下列_____模式的图像起作用。

A. RGB   B. CMYK

C. 多通道   D. 灰度

(2) 在"曲线"对话框中 X 轴和 Y 轴分别代表的是_____。

A. 输入值,输出值   B. 输出值,输入值

C. 高光   D. 暗调

(3) 下列对背景图层描述正确的是_____。

A. 始终在最底层   B. 不能隐藏

C. 不能使用快速蒙版   D. 不能改变其"不透明度"

(4) 在"图层样式"对话框中的"高级混合"选项中,"内部效果混合成组"选项对下列_____图层样式起作用(假设填充不透明度小于 100%)。

A. 投影   B. 内阴影   C. 内发光   D. 斜面和浮雕

E. 图案叠加   F. 描边

(5) 扫描输入的图像往往会有一些偏色,这种类型的图像往往只需要调整某一个通道即可。要使左上方的图像取得右下方图像的效果,用"图像"→"调整"菜单下的_____命令可以实现。

A. "色阶"   B. "曲线"

C. "替换颜色"   D. "色彩平衡"

(6) 当按住_____功能键时,将鼠标移到"图层"面板中的两图层之间的细线处后,单击鼠标就可使两个图层形成裁切组关系。

A. Alt   B. Tab

C. 空格键   D. Shift

(7) 下列模式中,_____是绘图工具的作用模式,而在层与层之间没有这个模式。

A. 溶解   B. 背后

C. 叠加   D. 排除

(8) 按_____字母键可以使图像的"快速蒙版"状态变为"标准模式"状态。

A. A   B. C   C. Q   D. T

(9) 以下可以被存储为"自定义形状"的对象是_____。

A. 形状图层中的图层矢量蒙版

B. "钢笔工具"所创建的工作路径

C. 图层上的选区

D. 只要是"路径"面板上的路径就都可以被存储为自定义形状

3. 实践题

(1) 制作如图 6-2-35 所示的立体按钮。

图 6-2-35　立体效果按钮

(2) 制作如图 6-2-36 所示的课件效果图片。

图 6-2-36　课件效果图

6.3　多媒体播放器软件立体界面设计制作

微软公司的 Windows Media Player 多媒体播放器的界面设计美观大方,表现效果华丽,操作设计非常简捷,给人留下深刻的印象。还有 MP3 播放器,它们也同样有着华丽的效果、吸引人的外观、简捷易懂的按键设置以及无比"酷旋"的界面。

本节主要是设计制作一款播放器软件的立体界面效果图。整张效果图简洁大方,以黑、白、灰为主要表现色调,给人以一种很"酷"的感觉。最终效果如图 6-3-1 所示。

图 6-3-1　播放器界面效果图

6.3.1　任务一　播放器主界面的设计制作

1. 任务介绍与案例效果

本次任务将完成播放器主界面的设计制作,效果如图 6-3-2 所示。

2. 案例制作方法与步骤

(1) 新建一个图像文件,文件的相关参数设置如图 6-3-3 所示。

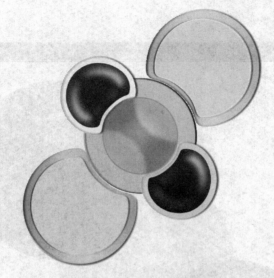

图 6-3-2　播放器主界面效果图

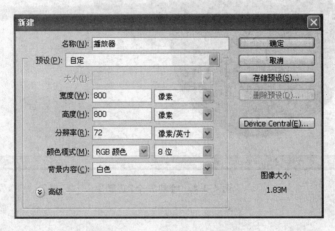

图 6-3-3　文件相关参数设置

　　(2)选择"椭圆工具"并选中"形状图层"模式 ▢ ，在背景图层上绘制出如图 6-3-4 所示的三个"正圆"，这时"图层"面板上会自动添加 3 个新图层。按照"正圆"在背景图层中的不同位置，分别将新添加的 3 个图层重命名为"左下底层"、"中间底层"和"右上底层"。拖动调整 3 个图层的叠放次序，从而达到如图 6-3-4 所示的效果。

　　(3)在"图层"面板中选中"左下底层"图层，选择"直接选择工具" ▷ ，单击左下方的正圆，选择该圆的边缘路径，使用"添加锚点工具" ✍ 为路径添加一个锚点，如图 6-3-5 所示。

　　(4)选择"直接选择工具" ▷ ，分别调整图 6-3-5 所示 3 个锚点的位置以及它们两侧的控制线，并配合使用"移动工具" ⊹ ，达到如图 6-3-6 所示的效果。

　　(5)使用相同的方法对"右上底层"图层中的正圆外形进行调整，最终达到如图 6-3-7 所示的效果。

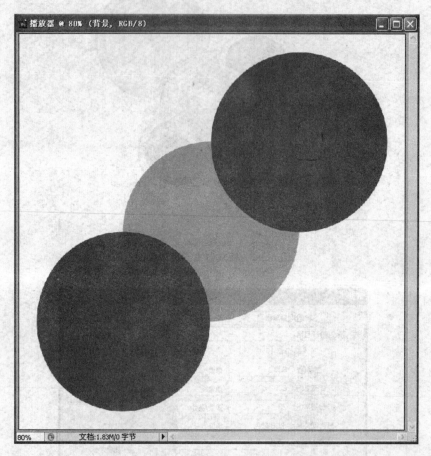

图 6-3-4 绘制三个"正圆"

图 6-3-5 添加锚点

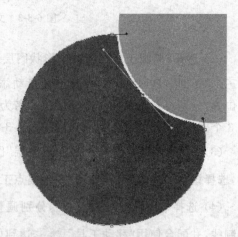

图 6-3-6 调整锚点

图 6-3-7　调整锚点后的效果

（6）为"左下底层"图层和"右上底层"图层更改颜色，分别双击两个图层所对应的"颜色蒙版" 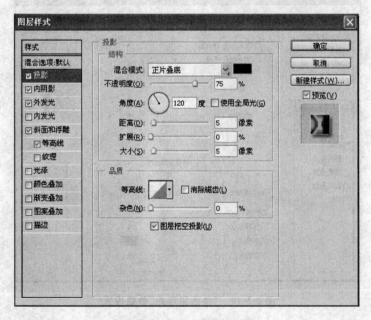，将颜色设置为灰色（R＝174、G＝174、B＝174）。颜色设置完毕，分别为这两个图层添加图层样式，在"样式"列表中分别选择"投影"、"内阴影"、"外发光"、"斜面和浮雕"以及"等高线"选项，参数设置分别如图 6-3-8、图 6-3-9、图 6-3-10 和图 6-3-11 所示（"外发光"使用默认参数设置）。整体效果如图 6-3-12 所示。

图 6-3-8　"投影"参数设置

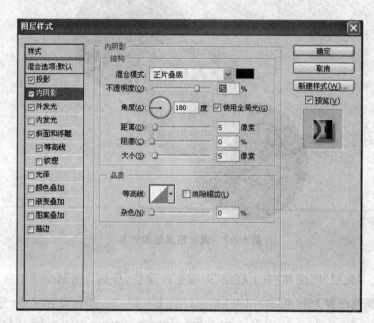

图 6-3-9　"内阴影"参数设置

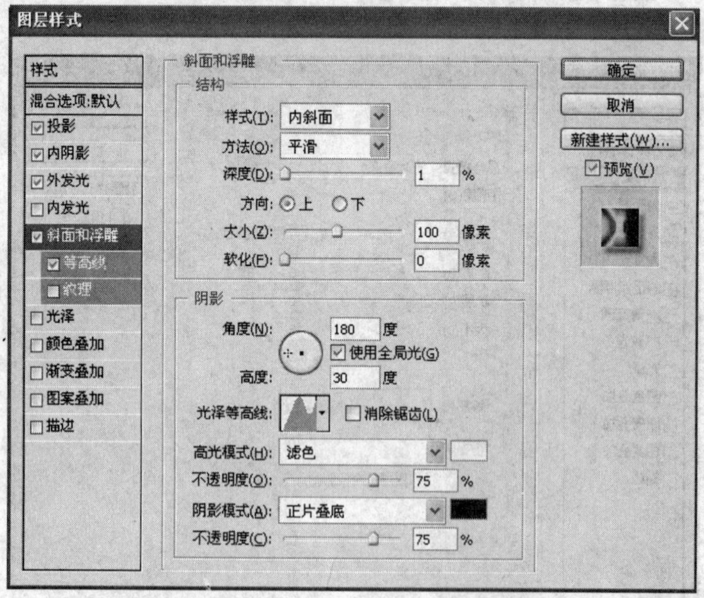

图 6-3-10　"斜面和浮雕"参数设置

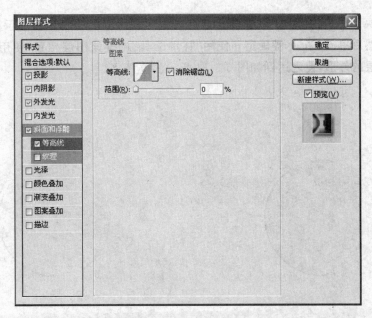

图 6-3-11 "等高线"参数设置

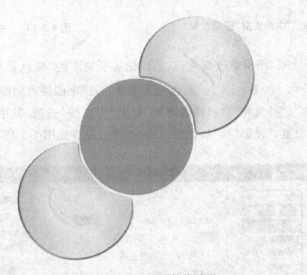

图 6-3-12 "图层样式"整体效果

 注意："斜面和浮雕"中"光泽等高线"的参数和"等高线"中"等高线"参数的选择。

（7）为"中间底层"图层更改颜色，双击该图层所对应的"颜色蒙版" ，将颜色设置为灰色（R=222、G=222、B=222）。颜色设置完毕，为这个图层添加图层样式，在"样式"列表中分别选择"内阴影"、"斜面和浮雕"以及"等高线"选项，均使用默认参数设置，整体效果如图 6-3-13 所示。

（8）在"图层"面板中选中"左下底层"，选择"移动工具"，按住键盘上的 Alt 键，同时用鼠标拖动该图层，这样就可以得到该图层的一个"拷贝"图层，将该图层重命名为"左下上层"。

使用"自由变换"命令,在菜单栏下面的参数列表中为表示宽度的"W"和表示高度的"H"均输入"80％",然后单击 Enter 键确定。使用"移动工具"调整该图层位置,使用"直接选择工具"调整该图层的外形,使之达到如图 6-3-14 所示的位置。

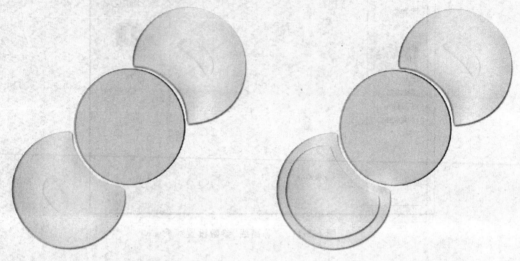

图 6-3-13　"中间底层"图层效果　　　　　　　　图 6-3-14　"左下上层"位置

（9）为"左下上层"图层更改颜色,双击该图层所对应的"颜色蒙版" ，将颜色设置为灰色(R＝237、G＝237、B＝237)。颜色设置完毕,为这个图层添加图层样式,在"样式"列表中分别选择"投影"、"外发光"、"斜面和浮雕"以及"等高线"选项,其中"外发光"和"等高线"均使用默认参数设置,"投影"与"斜面和浮雕"的参数设置如图 6-3-15 和图 6-3-16 所示。

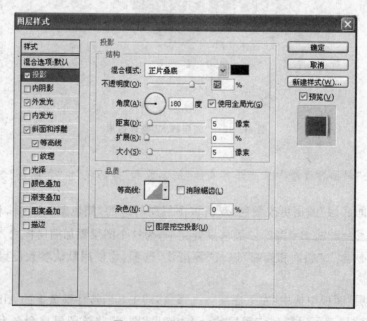

图 6-3-15　"投影"参数设置

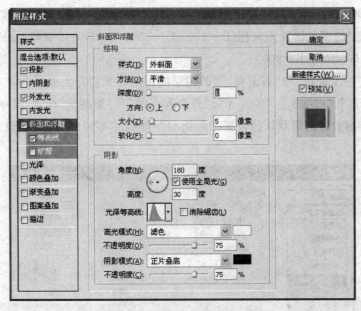

图 6-3-16 "斜面与浮雕"参数设置

 注意："斜面和浮雕"中"光泽等高线"的参数设置。

（10）使用（8）、（9）中相同的方法和参数设置对"右上底层"图层进行操作，将新"拷贝"的图层命名为"右上上层"，同样对其进行"颜色修改"和"图层样式"设置，其效果如图 6-3-17 所示。

（11）仿照前面的操作步骤，在背景图层中再绘制出 3 个正圆（也可以先绘制一个，然后再复制两个）。

 注意：这 3 个正圆要略小于前面绘制的正圆，调整位置，修改外形，调整图层的叠放次序，根据它们的位置分别将它们命名为"左上底层"、"中间上层"和"右下底层"，如图 6-3-18 所示。

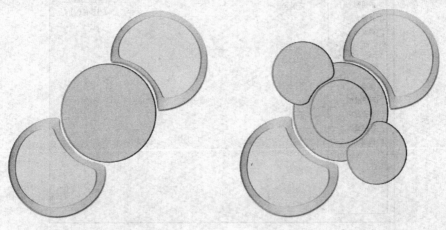

图 6-3-17 "右上上层"效果   图 6-3-18 新绘制 3 个正圆

（12）将新增加的 3 个图层"左上底层"、"中间上层"和"右下底层"修改颜色："左上底层"和"右下底层"的颜色设置为灰色（R＝200、G＝200、B＝200），"中间上层"的颜色设置为灰色（R＝200、G＝200、B＝200）。

（13）设置"左上底层"和"右下底层"的图层的图层样式："左上底层"和"右下底层"的图层样式选择"投影"、"内阴影"、"外发光"、"斜面和浮雕"和"等高线"选项，其中"投影"、"内阴影"、"外发光"参数设置使用默认值设置，"斜面和浮雕"和"等高线"的参数设置如图 6-3-19、图 6-3-20 所示。

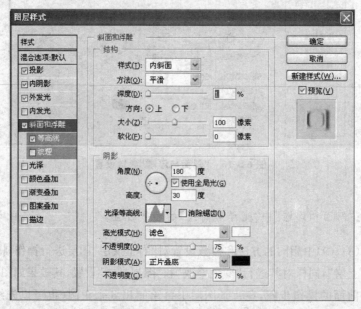

图 6-3-19　"斜面和浮雕"参数设置

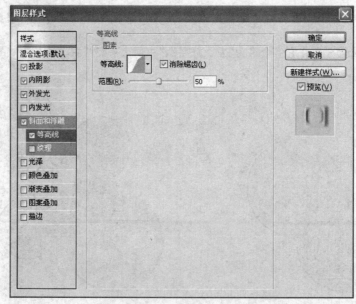

图 6-3-20　"等高线"参数设置

　　(14)"中间上层"图层的图层样式选择"光泽"和"描边"选项,其参数设置如图 6-3-21 和图 6-3-22 所示。

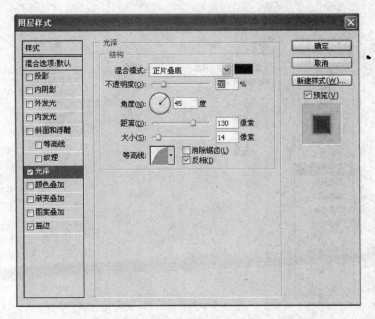

图 6-3-21　"光泽"参数设置

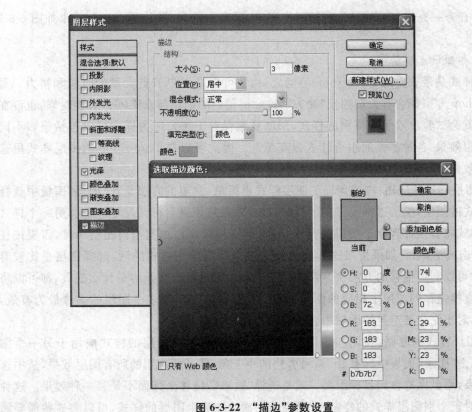

图 6-3-22　"描边"参数设置

（15）参照步骤（8）制作"左上上层"和"右下上层"图层，设置"左上上层"和"右下上层"图层的图层样式时只选择"光泽"选项，参数设置如图 6-3-23 所示。

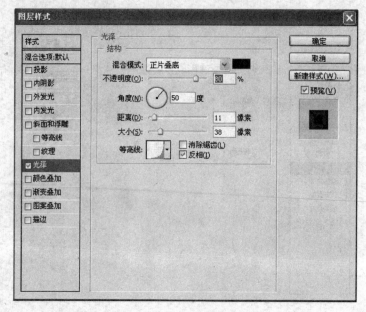

图 6-3-23　"光泽"参数设置

（16）任务一完成，主要图层、路径制作完毕，保存文件为"播放器．psd"，效果如图 6-3-2 所示。

3. 任务知识点解析

图层样式是最重要的 Photoshop 功能之一，它可以帮用户节省大量的时间和精力。每个 Photoshop 专家都会有大量独家"秘方"，这会使他们的创作与众不同。有些时候，也许在偶然之间就会试验出效果很特别的样式，那就赶紧保存下来。因为样式可以包括很多不同类型的图层效果，各种各样的组合让人眼花缭乱。因此可以在 Photoshop 的图层样式里选择适合的效果，而不必一切从头做起。

（1）图层样式的应用：应用预设的图层样式很简单，常规的方法是在"图层"面板中选择要添加样式的图层，然后选择要添加的样式，样式就被应用到目标图层了。选择另一个样式后，新的样式将替换掉现存于图层的样式（要将某一种样式添加到当前图层中时，需要按住 Shift 键单击或拖移）。如果按照这样的方法对多个图层应用样式的话，选择图层是比较麻烦的，这时可以利用拖移的方法快速添加图层效果。无论当前选择的是什么工具，都可以将所选样式直接拖移到图像中相应的图层内容上。这个方法对于多个图层的图像最为有效，但要注意，对于完全被遮盖的图层内容不能使用这个方法。

（2）图层样式的复制：在同一个图像文件中，为了将一个图层的样式应用于另一个图层，可以单击"图层"面板中标有"F"符号旁边的小三角，展开所应用的所有图层效果，从中选择所需效果，用鼠标拖移到目标图层。或是选择"效果"，拖移全部而不是某一种效果。这种方法是针对于个别图层样式的复制，如果需要一次改变多个图层的样式，可以将这些需要添加样式的图层链接起来,先选择目标样式层,单击右键,从弹出的菜单中选择"拷贝图层样式"命令,然后在链接图层中任选一个图层,单击右键,选择"将图层样式粘贴到链接图层"命令,这样,所有链接图层都应用了相同的样式,或者选择"粘贴图层样式"命令,那么就只对目标图层粘贴图层样式。

(3) 如果希望改变图像中的光源方向,可以用右键单击"图层"面板中任一个图层效果,从弹出菜单中选择"全局光",在出现的"全局光"对话框中重新设定全局光的角度和高度,这样会改变整个图像中所有使用"全局光"的图层效果。

(4) 如果图像文件较大,应用了大量的图层样式,或者在配置较低的系统中运行,希望图像得到最优化处理,那么可以暂时关闭图层样式来提升效率。可选择"图层"→"图层样式"→"隐藏所有效果"命令来暂时关闭样式,或者直接在"图层"面板中单击效果前的可视性标志。要关闭单独的图层效果就单击相应的图标。

(5) 图层样式可用来创建特别的图像效果。然而,当图像大小发生变化时,图层样式却不会随着变换。这样会使原本合适的样式不再符合图层内容。为了使图层样式和图像大小一致,当在重定图像大小时,要注意和原来图像大小的百分比关系。

(6) 图层样式可以被添加到一个空图层中,也可以在使用"钢笔工具"或形状工具创建形状图层之前设定好所用的样式,大部分情况下,形状图层为默认的无样式状态。

6.3.2 任务二 播放器按钮等附件的设计制作

1. 任务介绍与案例效果

前面已经制作完成了播放器主界面,现在来制作播放器上面的各种按钮、喇叭、铆钉、进度条等附件。有了这些附件,播放器看起来才会更加的逼真,效果如图 6-3-24 所示。

图 6-3-24 播放器附件

2. 案例制作方法与步骤

（1）制作 4 个主要功能按钮（开始、停止、前进、后退）。打开前面我们制作好的"播放器.psd"文件，选择"多边形工具" ，在属性栏的"边"参数中输入"3"，选择"形状图层"模式 ，在"中间上层"图层中按 Shift 键绘制一个正三角形。然后使用"转换点工具"将三角形 3 个顶点上的锚点均转换为"平滑锚点"，如图 6-3-25 所示。

（2）使用"直接选择工具"调整此三角形的形状，并为其添加图层样式，使用"投影"、"内阴影"、"外发光"、"内发光"、"渐变叠加"、"斜面和浮雕"以及"等高线"，其中"投影"、"内阴影"、"外发光"、"内发光"、"斜面和浮雕"以及"等高线"均使用默认参数设置，"渐变叠加"根据自己绘制的按钮的大小适当调整各参数，达到理想的效果，如图 6-3-26 所示。

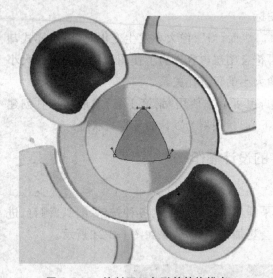

图 6-3-25　绘制正三角形并转换锚点

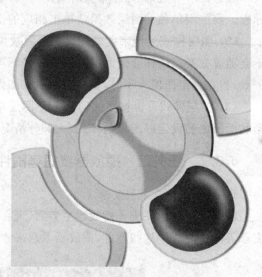

图 6-3-26　功能按钮

（3）将制作好的按钮复制 3 份（使用"移动工具"并按住 Alt 键拖动），并使用"自由变换"命令旋转其他按钮，调整位置，如图 6-3-27 所示。

（4）使用"多边形工具"和"矩形工具"为按钮绘制内部图案，并使用图层样式加以修饰，效果如图 6-3-28 所示。

（5）制作进度条。使用"圆角矩形工具"，将"半径"参数设置为"50"，连续绘制 3 个圆角矩形，层层嵌套，并且使用不同的颜色和图层样式，即可制作出进度条，效果如图 6-3-29 所示。

（6）制作"喇叭"。"喇叭"的制作很简单，就是将若干个不同大小的圆填充不同的颜色，然后以同心圆的方式把它们排列起来，大圆在下、小圆在上，并且在最上面的一个圆中填充由黑色到白色的"径向渐变"即可。喇叭的制作效果如图 6-3-30 所示。

 注意：可以先做一个圆，然后利用"自由变换"命令中的等比例缩放（"W"和"H"）来实现创建同心圆。

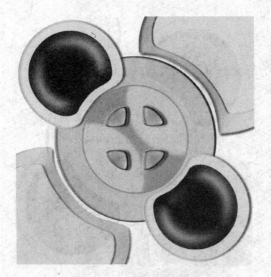

图 6-3-27　摆放功能按钮

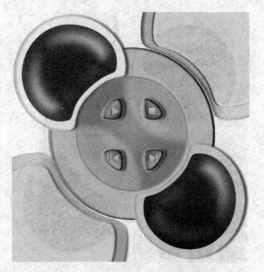

图 6-3-28　绘制按钮内部图案

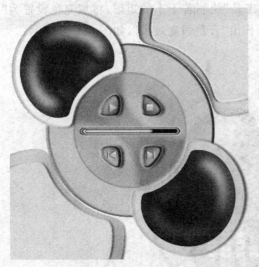

图 6-3-29　进度条效果

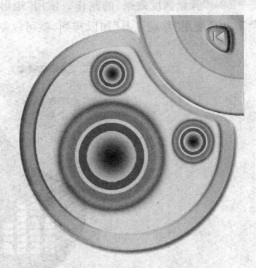

图 6-3-30　喇叭的制作效果

　　(7) 制作"音量轨道"与"声道轨道"。使用"矩形工具"首先绘制出一个直角矩形,然后使用"添加锚点工具"和"直接选择工具"为矩形添加锚点、调整形状,使之形成弯曲的效果。接着使用"直线工具"绘制轨道线,同样借助于"添加锚点工具"和"直接选择工具"对直线的形状加以调整,使其与弯曲的矩形相匹配,最后,为它们添加适当的图层样式用来增强效果。"音量轨道"与"声道轨道"上的按钮制作的方法与前面功能按钮制作的方法类似,这里不再赘述。"音量轨道"与"声道轨道"制作效果如图 6-3-31 所示。

　　(8) 制作"小铆钉"。使用"椭圆工具"绘制小圆,然后应用"渐变"效果和"投影"效果即可以制作出"小铆钉",将它们摆放在圆形连接处,可以进一步增强"质感"。效果如图 6-3-32 所示。

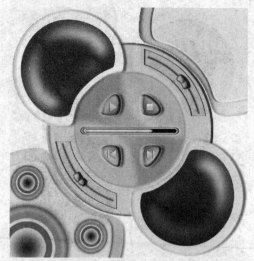

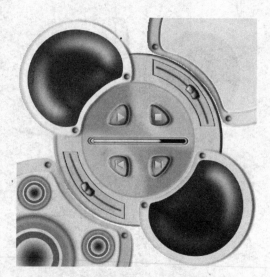

图 6-3-31 "音量轨道"与"声道轨道" 图 6-3-32 "小铆钉"效果

（9）"音量强度效果"的制作。使用"矩形工具"绘制若干小的矩形，将填充色设置为"白色"，并且使用"移动工具"加以排列，就可以制作出"音量强度效果"，如图 6-3-33 所示。

图 6-3-33 "音量强度效果"

（10）任务二完成，播放器按钮等附件制作完毕，保存文件为"播放器.psd"。

3. 任务知识点解析

Photoshop 中常用的移动、复制操作的技巧如下所述：

（1）按 Alt 键拖动选区将会移动选区的拷贝。

（2）按住 Ctrl＋Alt 键拖动鼠标可以复制当前层或选区内容。

（3）如果最近拷贝了一张图片存在剪贴板里，Photoshop 在新建文件的时候会以剪贴板中图片的尺寸作为新建图片的默认大小。要略过这个特性而使用上一次的设置，在打开的时候按住 Alt 键。

（4）当要复制文件中的选择对象时，要使用"编辑"菜单中的"复制"命令。复制一次也许觉不出麻烦，但要多次复制，一次一次地单击就相当不便了。这时可以先用选择工具选定对象，而后单击"移动工具"，再按住 Alt 键不放。当光标变成一黑一白重叠在一起的两个箭头时，拖动鼠标到所需位置即可。若要多次复制，只要重复的放松鼠标就行了。

（5）可以用选框工具或套索工具，把选区从一个文档拖到另一个上。

（6）把选区或图层从一个文档拖向另一个时，按住 Shift 键可以使其在目的文档上居中。

（7）移动图层和选区时，按住 Shift 键可做水平、垂直或 45°的移动，按键盘上的方向键可做每次 1 像素的移动，按住 Shift 键后再按键盘上的方向键可做每次 10 像素的移动。

6.3.3 任务三 播放器界面中文字的设计制作

1. 任务介绍与案例效果

前面已经制作完成了播放器主界面以及相应的功能按钮等附件，现在来制作播放器界面上面的各种文字，效果如图 6-3-34 所示。

图 6-3-34 添加文字后的效果

2. 案例制作方法与步骤

（1）打开前面制作好的"播放器. psd"文件，选择"横排文字工具"为播放器界面添加文字。首先添加左上方的文字："《You And Me》188 KBPS 5∶06 "，为了模拟出"电子数字"的效果，将数字部分字体设置为"WST_Ital"并调整大小。

（2）同样，右下方的数字"06∶18"字体也设置为"WST_Ital"并调整大小。

（3）为右上方添加文字："New Media Player interface"，为了营造出一种"阳文金属雕刻字"的效果，首先把字体设置为"Tiranti Solid LET"，然后调整大小与位置。再对该文字图层添加图层样式,选择"投影"、"斜面和浮雕"、"颜色叠加"和"描边"选项,其中"投影"和"斜面和浮雕"使用默认的参数设置,"颜色叠加"中颜色设置为灰色(R＝200、G＝200、B＝200),"描边"中颜色设置为灰色(R＝147、G＝147、B＝147),其余参数均可使用默认设置,效果如图 6-3-35 所示。

图 6-3-35　"阳文金属雕刻字"效果

　　(4) 为"音量轨道"添加文字符号:"＋"、"－",为"声道轨道"添加文字符号:"L"、"R",为"音量轨道"添加文字"VOL",为"声道轨道"添加文字"CHAN",并使用"自由变换"命令将它们移动、旋转到合适的位置与角度。

　　(5) 为了更加突出整体效果,选择背景图层,将前景色设置为黑灰色(R＝90, G＝90, B＝90),填充背景图层,效果如图 6-3-1 所示。

　　(6) 完成任务三,保存文件"播放器.psd"。

　　3. 任务知识点解析

　　Photoshop 中文字处理的技巧如下所述。

　　(1) 在渲染的小文字之上增加控制。在当前的一个文字图层上双击进入"输入/编辑"模式,按住 Ctrl 键的同时,在图像窗口中移动文字,让它进行消除锯齿方式的渲染。如果对消除锯齿方式的效果满意,那么只需要按下 Ctrl＋Enter 键来应用所做的变化。最后,就可以对文字随心所欲地定位,却又不会影响到消除锯齿方式的效果。

　　(2) 在字体较小,或是低分辨率的情况下,消除锯齿方式的文字可能会渲染得有些不一致,要减少这种不一致性,只要取消处在"字符"面板菜单中的"分数宽度"选项。

　　(3) 在单击或拖动一个文本框时按住 Alt 键,就可以显示一个段落文本大小的对话框。这个对话框会显示当前文本框的尺寸,接着只需要输入想要的宽和高的值即可。另一个查看宽和高的值的方法也很简单,只需要在绘制文本框时选择"窗口"→"信息"命令或是按下 F8 键打开"信息"面板。如果在按下鼠标按钮,也就是准备开始拖动时继续按住 Alt 键,那么文本框就会被拖动到中间。松开鼠标按钮,调节文本框大小的对话框就会出现了。

(4) 要将点文本转换成段落文本,或是反操作,只需要在"图层"面板上显示"T"的图层上右键单击,选择"转换为段落文本"即可,或是选择:"图层"→"文字"→"转换为段落文本"命令。

(5) 想要对几个文字图层的属性同时进行修改,例如字体、颜色、大小等,只要将想要修改的图层通过按住 Shift 键关联到一起,再进行属性修改即可。

(6) 尽管在文字图层中,"编辑"→"填充"命令和"油漆桶工具"都不能使用,但 Alt+空格键(使用前景色填充)和 Ctrl+空格键(使用背景色填充)仍然是可用的。

(7) 合理利用文字工具,在图像窗口中右键单击文字图层来显示一个相关菜单,里面具有很多有用的格式安排选项。

(8) 有些字体可能不支持粗体或者斜体,那么可以试着对它们使用"字符"面板菜单中的仿粗体或是仿斜体。

(9) 使用以下的点击或是拖动方法来启用一些高级的文字选择特性:

双击——选定字(选定一个单词)。

单击 3 次——选定一行。

单击 4 次——选定一整段。

单击 5 次——一次将整个文本框中的所有字符选中。

6.3.4 思考与练习

1. 填空题

(1) Photoshop 图像最基本的组成单元是_____。

(2) 色彩深度是指在一个图像中_____的数量。

(3) 当将 CMYK 模式的图像转换为多通道时,产生的通道名称是_____、_____、_____、_____。

(4) 图像分辨率的单位是_____。

(5) 索引颜色模式的图像包含_____种颜色。

2. 选择题

(1) CMYK 模式的图像有_____个颜色通道。

A. 1   B. 2   C. 3   D. 4

(2) 下列_____色彩模式是不依赖于设备的。

A. RGB   B. CMYK   C. Lab   D. 索引颜色

(3) 下列关于默认的暂存盘的说法,正确的是_____。

A. 没有暂存磁盘   B. 暂存磁盘创建在启动磁盘上

C. 暂存磁盘创建在任何第二个磁盘上   D. Photoshop 可创建任意多的暂存磁盘

(4) 图像高速缓存的范围是:_____。

A. 1~4   B. 1~8   C. 1~16   D. 1~24

(5) 在图像窗口下面的状态栏中,当显示 Document Size 的信息时,"/"左边的数字表示什么_____。

A. 暂存盘的大小   B. 包含图层信息的文件大小

C. 包含通道信息的文件大小　　　　D. 所有信息被合并后的文件大小

(6) 在图像窗口下面的状态栏中,当显示 Scratch Size 的信息时,"/"左边的数字表示_____。

A. 当前文件的大小　　　　　　　　B. 暂存盘的大小

C. 分配给 Photoshop 的内存量　　　D. 所有打开的图像所需的内存量

(7) 显示关联菜单的方法是_____。

A. 单击图像

B. 按住 Alt 键的同时单击图像

C. 按住 Alt 键的同时单击图像或在图像上单击右键

D. 将鼠标放在工具箱的工具上

(8) 下面描述正确的是_____。

A. 存储后的画笔文件上有 Brushes 字样

B. 用"替换画笔"命令可选择任何一个画笔文件插入当前正在使用的画笔中

C. 要使"画笔"面板恢复原状,可在弹出式菜单中选择"复位画笔"命令

D. Photoshop 提供了 7 种画笔样式库

3. 实践题

制作如图 6-3-36 所示的播放器立体界面效果。

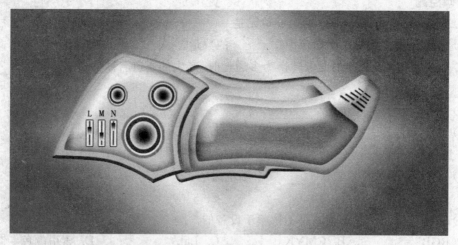

图 6-3-36　播放器立体界面效果

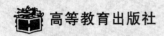 高等教育出版社

教学资源索取单

敬爱的老师：

感谢您使用张武卫主编的《Photoshop CS3 图像处理任务式案例教程》。为便于教学，本书配有相关教学资源（教学素材）。如贵校已使用了本教材，您只要把下表中的相关信息以电子邮件或传真形式发至我社，经我社确认后，即可免费获得我们提供的教学资源。

我们的联系方式：

地址：上海市宝山路 848 号   邮编：200081

电话：(021)65874851   电子邮件：zhanggl@hep.com.cn

传真：(021)65874858

姓　　名		性别		出生年月		身份证号	
学　　校			学院、系			教研室	
学校地址						邮　编	
职　　务			职　称			办公电话	
E-mail						手　机	
通信地址						邮　编	
本书使用情况		用于＿＿＿＿＿学时教学，每学期使用＿＿＿＿＿册。					

您对本书的使用有什么意见和建议？

您还希望从我社获得哪些服务？

☐ 教师培训   ☐ 教学研讨活动

☐ 寄送样书   ☐ 获得相关图书出版信息

☐ 其他＿＿＿＿＿＿＿＿＿＿＿＿＿＿＿＿＿＿＿＿＿＿＿＿＿＿＿

检
03